不去与人相比，只看超越自己

李卿◎编著

中国纺织出版社有限公司

内 容 提 要

现实生活中，很多人都有攀比之心，实际上，每个人都是这个世界上独立的生命个体，拿自己与他人比较只是徒增烦恼而已，有些不正确的比较方式往往还会激发人们强烈的嫉妒心理。为此，横向比较要慎重，更正确的比较方法是与自己比较，超越自己。

本书以现代社会年轻人生存的现状为基础，针对年轻人在奋斗过程中常常会陷入的困扰状态，解答年轻人心中的疑问；并引导年轻人端正心态，摆正人生态度，从而努力突破和超越自己，真正成就自己。

图书在版编目（CIP）数据

不去与人相比，只看超越自己／李卿编著. --北京：中国纺织出版社，2019.11（2024.7重印）
ISBN 978-7-5180-5566-1

Ⅰ.①不… Ⅱ.①李… Ⅲ.①成功心理—通俗读物 Ⅳ.①B848.4-49

中国版本图书馆CIP数据核字（2018）第253233号

责任编辑：王　慧　　责任印制：储志伟

中国纺织出版社出版发行
地址：北京市朝阳区百子湾东里 A407 号楼　邮政编码：100124
销售电话：010 — 67004422　传真：010 — 87155801
http：//www.c-textilep.com
E-mail：faxing@c-textilep.com
官方微博 http://weibo.com/2119887771
中国纺织出版社天猫旗舰店
永清县晔盛亚胶印有限公司印刷　各地新华书店经
销2019年11月第1版　2024年7月第3次印刷
开本：880 × 1230　1/32　印张：5
字数：186千字　定价：48.00元

前言

人活着的意义是什么？是与别人比较吗？不可否认，的确有人这么活着，他们做一切事情的意义就是与他人比较，似乎他们活着的目的就是比较。但是，这样的横向比较有的时候并不公平。举例而言，当我们拿自己的优点和长处去与他人比较时，则未免会沾沾自喜，觉得自己还挺了不起的；当我们拿自己的缺点和不足去与他人比较时，则未免会感到沮丧绝望，甚至认为自己一无是处，什么都比不上他人。这是因为每个人都是世界上独特的生命个体，既有自己的优势和长处，也有自己的劣势和不足。为此，与其进行横向比较，让自己或者沮丧或者欣喜，不如进行纵向比较，也就是用今日的自己与昨日的自己进行比较，看看自己有没有进步。这样才能督促自己不断地努力进取，获得长足的进步和成长，才能勇往直前。

看到这里，也许有朋友会说，那就不要比较。当然，不比较也是不行的。人，有欲望才会有进步，很多时候，欲望恰恰因为比较而来。我们所要避免的是不正确的横向比较方式，而提倡的是正确的纵向比较方式，这样才能激发出我们心中的积极力量，从而激励我们更加努力，争取进步。

当然，人生的道路并没有那么容易走，常常会遇到坎坷挫折，也常常会遭遇各种突如其来的磨难和打击。尤其是通往梦想的道路，更加崎岖。为此，我们必须要在树立梦想之后做好准备，这样才能更加坚定不移地前行。有人说人生是一场旅程，其实人生又何尝不是一场战斗呢！每个人都是人生的斗士，都要为了在生命中绽放出异样的光彩而持续地努力。既然是战斗，纵使没有硝烟弥漫，也会不小心受到伤害，或者因为各种各样的原因而产生挫败感。记住，不坚持到最后一刻不要放弃，因为成功往往就在转角处等着我们。

为了增强信心，我们要采取各种各样的方法，来使自己获得激励，获得成长，获得进步。记住，成功从来不会一蹴而就，生活中也没有天上掉馅饼的好事情。要想突破自己，我们要有勇气；要想超越自己，我们要有毅力。生活是最好的学校，在经历生命中的各种磨难之后，我们终究会渐渐得到成长。熬过人生的苦难，等到如愿以偿获得理想人生的时候，回过头再来看，你会发现曾经的磨砺已经在人生中绽放成花朵，为人生增添艳丽！也只有经历过苦难的人生，才会变得更加充实和厚重，变得沉甸甸的，具有分量。相反，如果人生始终顺遂，则难免会轻飘飘的，就像没有分量的云彩一样悬浮着。

任何时候，都不要盲目与他人进行比较，因为哪怕你模仿别人获得成功，那也不是属于你的成功。人生中最大的成功，是活成自己想要的样子，是获得自己理想的人生。所以，对于每个人而言，唯有真正地做好自己，活出独属于自己的精彩，才是真正地获得成功！

编著者

目录

第1章　还在和别人相比？其实最难超越的是自己……………001

人外有人，天外有天…………………………………………002

超越自己，生命自会绽放……………………………………004

多接受磨砺，让自己强大……………………………………007

尊重生活节奏，静待花开……………………………………011

不要总是被别人束缚和禁锢…………………………………014

第2章　没人能够打败你，除非你自己放弃…………………019

迎难而上，让自己变得更加强大……………………………020

把困难当成奋斗路上的垫脚石………………………………023

熬过去，才能柳暗花明又一村………………………………027

遭遇挫折正是人生成长的契机………………………………031

痛苦过后，你就有了坚强的铠甲……………………………034

第3章　我不怕世界质疑，只求做好自己……………………039

不自卑，谁的青春能够完美…………………………………040

变成一匹千里马，寻求伯乐赏识……043
努力自救，才能成为人生强者……047
相信相信的力量……051

第4章　不逼自己一把，你永远不知道自己多出色……055

把自己逼到悬崖，成就更伟大的自己……056
要想获得新生，就要敢于涅槃……059
咬紧牙关，越过人生的坎儿……061
戒掉恶习，让自己变得更美好……065
借口从来不属于人生的强者……069

第5章　不敢冒险的人，永远挣脱不了平庸的牢笼……073

旱涝保收的人生，真的好吗……074
不冒险，是最大的冒险……076
立即行动，才有可能成功……080

第6章　舍不得让自己吃苦的人，注定一辈子受苦……085

披荆斩棘，才能走出人生之路……086
吃亏是福，吃亏也是成长……089
心怀开阔，虽败犹荣……092
善于等待，人生才能开花结果……096

经历痛苦，才能孕育出璀璨的珍珠 …… 098

第7章 在这个“比快”的时代，你必须战胜懒惰的自己 … 103

慢的人抓不住任何机会 …… 104

当即执行，胜过任何梦想 …… 108

成功往往始于小事情 …… 112

再多空想，也不如努力迈步 …… 115

第8章 你的努力，才是可以改变自己的力量 …… 119

挺住还是放弃，这是你的选择 …… 120

你把时间花在哪里，哪里就会开花 …… 123

你的认真，让世界颤动 …… 126

第9章 人生有很多机会使你成长，你要遇强则强 …… 129

世界上从未有绝对的公平 …… 130

多多用心，保护自己 …… 133

不要把自己变成玻璃人 …… 138

既然要吃亏，不如主动吃亏 …… 140

人生难得糊涂 …… 144

懂得低头，退也是进 …… 147

参考文献 …… 150

第 1 章

还在和别人相比？其实最难超越的是自己

对于每个人而言，最难超越的实际上是自己。正如一首古诗所说的，不识庐山真面目，只缘身在此山中。在这个世界上，每个人都是独立的生命个体，都有自己的与众不同之处，为此，拿自己与他人相比，往往没有可比性，因为如果拿自己的缺点与他人相比，会妄自菲薄，而如果拿自己的优点与他人相比，又会妄自尊大。要想成功，更重要的是与自己相比，拿今天的自己与昨天的自己相比，看看自己是否有更大的进步，是否弥补了一些缺点，并发扬了优点。只有成功地超越自己，我们才能在成功的道路上走得更快更好。

人外有人，天外有天

现实生活中，很多人都会进入一个误区，即觉得自己是最优秀、最出类拔萃的，为此从来不把任何人看在眼睛里。也有的人与此恰恰相反，他们会进入另一个误区，即觉得自己不管哪个方面都不如别人，也常常会因此而对自己的人生感到沮丧和绝望。其实，这两种极端想法都是不正确的。前者难免会妄自尊大，后者难免会妄自菲薄。只有对于自己有正确的认知，并能够有的放矢做好自己，我们才能在成长的道路上更加勇敢无畏地前行。

所谓人外有人，天外有天，这句话告诉我们，在这个世界上没有人是绝对十全十美、无所不能的。一个人要想获得进步，最重要的是客观公正地认知自己，这样才能在成长的道路上努力前行，无所畏惧。否则，不管因为什么而故步自封，都会限制自己的成长和发展，也会使得自己的人生失去进取的动力。

在读大学期间，雅文就是学校里的佼佼者。她不但是班级里的班长，还是学生会的主席，学习成绩也出类拔萃，再加上颜值也很高，雅文简直集万千宠爱于一身。大学毕业后，雅文依然沉浸在万众瞩目的光环中，对于工作的要求很高。她拿出让自己骄傲的简历，向很多知名企业投递。然而，有些简历投递出去如同石沉大海，有些简历虽然接到了面试的邀请，但是在面试过程中也不是很顺利。雅文不明白，为何自己那么符合用人单位的要求，而且在面试过程中也能做到侃侃而谈，却总是被对方拒绝呢？思来想去，雅文决定去进行咨询，从而知道自己的短板所在。

雅文思考了很多次，终于鼓起勇气向拒绝她的几家企业打电话，并且非常努力地争取，才得到与面试官沟通的机会。有几个面试官对于雅文印象还挺深刻的，他们告诉雅文："你的确很优秀，但是也很自负，我们更希望能够聘用到诚恳踏实的员工，毕竟公司现在需要的是脚踏实地的人，这样才能铸就公司的中坚力量。"雅文恍然大悟：原来对于一个刚刚毕业的大学生求职者而言，能力并不是那么重要，重要的是态度。后来，雅文调整策略，在求职应聘的过程中更加中肯，更加谦虚低调，也适度地降低了对于工作的要求。果然，一段时间之后，雅文成功地进入一家公司。在工作过程中，雅文一改往日对工作要求过高的表现，而是非常认真踏实地进行点滴积累。工作了一段时间后，雅文的工作能力得到领导的认可，得到晋升，雅文这才和领导说起自己在学校里是学生会主席，公司领导情不自禁地对雅文竖起大拇指。

一杯水如果太满了，哪怕加入一颗小石子，也会马上溢出来。因而做人一定要常怀空杯心态，这样才能坚持学习、坚持成长。这个世界上，没有谁是绝对优秀和出类拔萃的，也没有谁是不需要成长的。我们只有不断地努力进取，才能获得人生中更多的成功，才能在成长的道路上坚持进取，努力进步。任何时候，人生都没有回头路可以走，对于那些已经形成的遗憾，我们也很难完全弥补。为此，我们要更加脚踏实地地努力，这样才能全力以赴，把很多事情都做好，才能更加有的放矢地经营好人生，把自己的梦想变成现实。

超越自己，生命自会绽放

曾经有一个大力士，他的力气特别大，不管什么东西他都能举起来。有一天，有个人与大力士产生争执，对大力士说：“尽管你可以举起很多东西，但是有一件东西你一定无法举起来。”大力士不服气，说：“不可能，我的力气这么大，能够举起任何东西。”那个人狡黠地对大力士说：“如果你不能举起来呢？你必须帮我家干一个月的活儿。”大力士当即答应。这个时候，那个人气定神闲、胜券在握地对大力士说：“那么，请你把自己举起来吧！”大力士很尴尬，因为他根本无法把自己举起来。

一个人力气再大，也是无法把自己举起来的，大力士夸下的海口未免太大了。其实，这个道理是完全成立的，正如古人所说的，不识庐山真面目，只缘身在此山中。我们也要端正对自己的态度，不要盲目认为自己是无所不能的。实际上，若一个人陷入误区之中，总觉得自己是无所不能的，那么他注定要失败，要在成长的道路上栽跟头。一个人，最难的是清楚认知自己，只有认清自己，这样的人生才会是有的放矢的，这样的进步才会是客观公正的。我们一定要全力以赴做好自己该做的事情，也要经常反省自己，认清自己的优势和长处，并知道自己的劣势和短板在哪里。

真正的强者，都是能够超越自己的人。大部分人在人生道路上遭遇各种困厄的时候，就会陷入被动的状态之中，也根本无法做到面对自己。有人说人生是未知的旅程，要想把人生的道路走好，就一定要更加努力执着，才能在成长的道路上坚持前进。那些已经超越了自己的人会发现，人的能量是非常巨大的，他们始终都能勇敢无畏，超越人生的重重困境和障碍。

思瑶是一家装修公司的设计师，虽然是设计师，但是也兼任销售员的工作，因为作为设计师要和客户接触，并且要促使客户签约。思瑶的工作表现很好，每个月在上半个月都能签约好几个客户，但是到了下半个月的时候，就会失去主动性，对于工作表现出懈怠的样子。为此，思瑶的工作表现进入一个怪圈，即上半个月销售业绩很好，到了下半个月销售业绩就会下滑，甚至没有签约。思瑶虽然想冲刺公司销售的前三名，却总是会陷入怪圈，导致下半个月的销售呈现出疲软的态势，根本无法获得成功。

思瑶对自己的状态也很郁闷，为此特意找到富有销售经验的老前辈进行咨询。老前辈对思瑶说："你这种情况，就是因为不能超越自己。每个月初都要从零开始，为此你总是非常拼搏。但是到了下半个月，你又会因为有了一定的业绩而变得懈怠。这样一来，你根本不会始终维持旺盛的销售热情，因而销售出现下滑也就是理所当然的。"老销售到底是经验丰富，一语惊醒梦中人，思瑶对于自己潜意识存在的心结这才有所了解。在努力突破和超越自己之后，思瑶果然对于工作有了更大的闯劲，也可以在自己表现出懈怠的时候反省自己、成就自己。才3个月过去，调整好状态的思瑶就毫无悬念地成为公司的销售冠军。

如果不能突破自己，思瑶是很难获得成功的。这是因为她在工作的过程中总是会情不自禁地限制和禁锢自己，导致自己在无形中就懈怠了。每个人在追求成功的过程中，都要更加全力以赴做好自己，这样才能让自己变得更加出彩，才能让自己的人生有更好的呈现。需要注意的是，人生从来不会一蹴而就获得成功，更没有天上掉馅饼的好事，只有不断地努力、持续地进取，坚持进行点点滴滴积累，才能让人生有更好的成就和发展，才能让人生有更加璀璨的未来。

很多时候，我们无法意识到自己的限制和禁锢在哪里，因而无形中囚禁了自己。越是在这样的情况下，我们越是要坚持打破内心的枷锁，要有意识地反省自己，也要有意识地打开自己的心扉，消除对于自己的限制和禁锢，这样才能做得更好，才能努力向前。记住，突破自己，你才有更多的可能性；超越自己，你才能更加接近成功。

多接受磨砺，让自己强大

在成长的道路上，每个人都希望自己行走的道路是开阔而又平顺的，但是偏偏人生的路从来不平坦，每个人在成长过程中都会遇到各种各样的坎坷挫折，也会遭遇形形色色的磨难。面对这些不如意，在趋利避害本能的驱使下，人难免会感到畏惧和退缩，并情不自禁地想要逃避，有些人还会忍不住抱怨。实际上，不管是逃避还是抱怨，都无法让难题得以解决，反而会让自己的情绪很糟糕，而且那些原本横亘在眼前的难题还是横亘在眼前，如此一来，我们就会迷失自我，也会在成长道路上更久地沉沦和迷失。与其抱怨，还不如坦然接受命运的磨砺，并积极地想办法去应对，这样才能让自己变得更加强大，才能让人生有更多的超越和成长。

常言道，不经历无以成为经验。在现实生活中，很多父母都会犯一个错误，即他们想把自己的人生经验直接告诉孩子，从而让孩子避免在人生之中走太多的弯路。而实际上，父母的经验尽管很丰富，却从来无法替代孩子去成长。父母的经验对于孩子而言只是一种说教，而孩子必须自己亲身经历才能获得成长。父母不要想着凡事都指导孩子，而是要意识到孩子是自己人生的主人，孩子必须自己去经历和成长。即使在长大成人之后，每个人也依然要面临成长，总是要经历人生中很多的挫折与磨难，才能吃一堑长一智，才能让自己的人生变得更加充实和厚重。如果总是在成长的道路上一味地迷失，在人生前进的路途中不断地失去自我，人生就会迷失，也会变得没有方向，如同没头苍蝇一般乱撞。

现实生活中，很多人都羡慕他人常常有好运气光临，似乎不必那么劳心费力就能获得成功。其实，你所以为的别人漫不经心就能获得成功，是别人非常努力进取才能获得的收获。你只看到了别人获得成功的光鲜亮丽，却忽略了别人在成功之前曾经付出的艰苦卓绝的努力。在这个世界上，从未有一蹴而就的成功，更没有天上掉馅饼的好事情，每个人要想获得成功，都必须非常辛苦和努力，也要全力以赴做到最好。

上完语文课，老师把文文叫到教室外面，对文文说：“文文，这次区里要组织作文比赛，先要进行学校选拔赛。你以‘我的家乡’为题目，写一篇作文参加比赛吧。这样一来，你就有可能代表学校参加比赛。”文文一听说自己要代表班级、代表学校，不由得很激动，对老师说：“老师，我一定会好好写的。”文文的确没有食言，她很努力地写作文，介绍自己的家乡。后来，她把自己的作文交给老师，功夫不负有心人，她真的争取到代表学校去区里参加作文比赛的资格。文文高兴得一蹦三尺高，赶紧把消息告诉爸爸妈妈。

此后的准备时间里，文文一直在很积极地看作文选。很快，比赛的日子到来了，文文对爸爸妈妈说：“爸爸妈妈，我一定要获奖！”听到这句话，爸爸赶紧给文文鼓劲儿，妈妈却有些担忧，看着文文说：“文文，要保持平常心，尽力而为就好。”文文点点头，眼睛里却表现出迷惘的神色。爸爸忍不住责怪妈妈：“你怎么不给文文鼓励，却给孩子说这些乱七八糟会分心的话呢！”妈妈提醒爸爸：“你可别高兴太早了，孩子是去比赛的，又不是去颁奖的。你现在把话说得这么满，万一不能获奖，对孩子不是打击吗？”爸爸觉得妈妈说得也有道理，没有说话。

正如妈妈所预料的那样，第一次参加作文比赛的文文太过激动和紧张，临场发挥不好，根本没有获得奖项。文文非常沮丧，在知道比赛结果后哭着回到家里。妈妈看到文文沮丧的样子，对文文说："文文，你知道有多少人参加比赛吗？"文文摇摇头。妈妈说："整个区里，有100多个孩子参加作文比赛，他们都是从各个学校选出来的佼佼者。但是，真正能获奖的孩子只有不到10个。所以你也没有必要这么伤心难过，人外有人，天外有天，这还是在区里呢，如果把你们拉到市里去比赛，或者参加全国、全世界的比赛，竞争会更残酷。不过，这不是说我们就不需要努力了，而是说我们要更加努力，做最好的自己。这样，即使与别人比赛没有获胜，也拼尽了全力，无怨无悔。"文文像是突然想起了什么，对妈妈说："妈妈，你的意思是失败不可怕，只要尽力吗？难怪你那天告诉我要平常心呢！"妈妈点点头，说："是啊，在这个世界上没有任何人能保证自己是常胜将军，所以我们必须更加努力地前进，才能做到不后悔。你想，一个人如果已经尽到全力，那么，就算失败也是没办法的事情，还有什么可后悔的呀！"文文点点头。

在这个事例中，爸爸只想到要给文文打气，却没有给文文做好铺垫，提醒她学会接受可能出现的失败结果。正如妈妈所说的，在这个世界上，没有人是常胜将军，尤其是在参加比赛的时候，不可能每个人都得到第一名，所以我们更要摆正心态，坦然接受人生中的很多不如意，这样才能全力以赴做到最好。如果总是因为失败而变得沮丧，甚至彻底消沉，那么就会真正与成功绝缘，再也没有任何成功的可能性。

记住，命运从来不会偏袒任何人，每个人都会成功，也更有可能失败。与其因为失败而感到沮丧，与其在成长的历程中一次又一次地迷失自己，不如全力以赴做好该做的事情，这样才能让自己做好准备，抓住各种千载难逢的好机会，才能让自己更加有的放矢，勇往直前。

尊重生活节奏，静待花开

很多父母会发现，孩子的行动相比成人是很迟缓的。有的时候，孩子的思维速度也很慢，哪怕父母只对他们说了一些小事情，他们也总是需要很长的时间去接受。有些父母非常心急，总是抱怨孩子太过拖延，或者给孩子贴标签，说孩子是天生的“拖拉鬼”“磨蹭大王”。不得不说，这样的说法是对孩子的误解，也是对孩子很不负责任的。实际上，孩子并不是因为慢才在做很多事情都磨磨蹭蹭，而是因为他们自有内心的节奏。因为还没有长大，孩子本身成长的节奏就是很慢的，他们习惯于慢慢吞吞面对这个世界，也习惯于如同蜗牛一样做好自己该做的事情。父母的催促对于他们往往不会达到很明显的效果，因为他们要遵循内心的节奏和规律。那些明智的父母在掌握孩子的成长规律之后，不会再一味地催促孩子，也不会总是对于孩子有过高的苛求和奢望。相反，他们就像是守着一朵花，在等待花期的到来，在等待花朵的静静绽放。

正如人们常说的那样，每一朵花都有自己的花期。例如，月季花开放很频繁，在春暖花开的日子里，几乎每个月都会开花；和月季花相比，昙花则难得一现，要想欣赏到昙花的美丽，我们就必须非常用心，要耐心守候与等待。每个人都曾经学过《揠苗助长》这篇文章，都知道对于事物本身的规律一定要遵守，否则就会导致事与愿违。做人做事不但要有恒心和毅力，更要有耐心，能够守候。一味地催促，或者想要违背事物规律去促使事物发展，扰乱事物自身的成长节奏，则必然会导致事情的发展变得混乱，也会使得预期的效果不能实现。

作为刚刚毕业的大学生，刘东迫不及待地想要在工作上有所表现，为此他非常心急，每天都主动加班，每当领导有艰巨的任务分派不出去的时候，他就会主动承担。他总是这样毛遂自荐，而且在其他同事恨不得躲开加班的时候主动加班，不知不觉就得罪了很多同事，导致他的人缘很差。

最近，公司正在分小组承包工作任务，展开PK，刘东找到好几个同事想与他们合作，都被他们拒绝了。有个同事索性阴阳怪气地对刘东说："刘东啊，你这么能干，可以找领导申请单独成立一个组，相信以你的工作热情和能力，夺冠是肯定没问题的。"尽管刘东知道这个话不好听，但是想到同事最近对他都很生疏，他也不好说什么。后来，还是在领导的强制安排下，刘东才与三个自己成立小组失败的同事成为一个组。在这次工作的过程中，刘东意识到自己的问题所在，再也没有处处争先，而是很低调，有什么问题都先征求老同事的意见，让自己成为老同事的助手。同事们看到刘东的诚意，对于刘东也就没有那么排斥和抗拒了。这次工作，刘东和整个小组成员通力合作，获得了公司第二的好成绩。此后的日子里，刘东再也不处处拔尖，而是让自己更加谦虚低调，以争取与同事之间进行友好融洽的合作。

对于每个人而言，成长都是要一步步进行的。尤其是在职场上，作为新人的职场菜鸟也许刚刚从大学里走出来，掌握了很多的知识，但是缺乏工作经验，所以根本不可能有的放矢地去做好每一件事。在初入职场的时候，必须要端正心态，摆正自己的位置，这样才能与同事更好地相处，以谦虚低调和勤奋好学赢得同事的认可与尊重。记住，人生从来没有重来的机会，只有不断地努力，持续地进取，人生才能实现可持续性发展，才能不断地成长，攀登到更高的地方。

如今已经不是个人英雄主义的时代，一个人即使能力再强，也不可能在生活和工作中面面俱到。唯有摆正自己的位置，全力以赴做好自己该做的事情，我们才能在努力奋进的过程中得到其他人的帮助。反之，假如我们总是无视他人的感受，突出自己，那么，在这个讲究合作的时代里，我们必然遭人唾弃，也就根本没有办法借助于他人的力量，融入于团队之中，做好所有该做的事情。记住，不管做什么事情都不要心急，当你有足够的耐心时，你就会看到人生的花静静绽放。

不要总是被别人束缚和禁锢

人是群居动物，和农耕时代的自给自足相比，现在已经进入工业化时代，很多产品都是批量生产的，所以独立的个体不可能生产出所有自己需要的东西，而是需要与身边的人分工合作，也需要以金钱作为流通的介质，购买自己需要的产品。只有融入社会，密切与人合作，我们在成长的道路上才能与更多的人相处，才能更加全力以赴做好该做的事情。只靠着一个人单打独斗，就会被这个瞬息万变的时代远远地甩下，也会因此而让自己陷入成长的困境。

我们还需要注意，尽管我们是群体的一员，但也是独立的生命个体。任何时候，我们都不要过度在乎他人的意见和看法。遗憾的是，现实生活中，有太多的人都内心空虚，他们对于别人的看法看得太过重要，也常常为了迎合别人而迷失了自己每个人都是这个世界上独一无二的生命个体，既然无论如何改变也无法得到所有人的认可和满意，我们为何不坚定不移做好自己呢？只有做好自己，我们才能不断地成长，也只有做好自己，我们才能活出自己的充实与精彩的人生！

常言道，有则改之，无则加勉。对于别人提出的意见，我们可以接纳和吸收，从而让自己更加全力以赴做好该做的事情。因为别人的三言两语就完全打乱自己进步的节奏，结果必然是很糟糕的。尤其是在现实生活中，很多人都过度在乎别人的看法，也常常会因为虚荣而希望得到所有人的认可和赞赏，不得不说，这是非常糟糕的行为，也很容易让自己迷失。无论何时，我们都要牢记一点，那就是一个人就算和孙悟空一样会七十二变，也不可能迎合所有人。既然如此，不如放弃这种徒劳的努力，让自己更好地成长。在这个世界上，真正的成功就是做自己，就是活出自己的真实和精彩，并绽放自己绚烂多彩的人生。

作为一个胖姑娘，小时候的乔乔非常开心快乐，性格外向，因为那个时候的她还不懂得爱美，还不知道胖瘦的区别。她做自己喜欢做的事情，吃自己喜欢吃的东西，无忧无虑。整个小学阶段，乔乔都是这么度过的。但是在进入初中之后，这样的情况发生了改变。才初一，乔乔就发现班级里的很多女生特别爱美，还常常在一起比较谁的裙子更漂亮。有一次，乔乔穿的裤子紧了，在体育课上崩开了，为此乔乔被同学们嘲笑为小胖妞。从此之后，小胖妞就成为乔乔的绰号，乔乔最讨厌听到别人这么称呼她了。

乔乔似乎天生就是易胖体质，虽然也节食减肥，却始终没有太好的效果。就这样，乔乔度过了初中和高中。进入大学后，乔乔和班级里大多数女孩一样，也有了喜欢的男孩，恰巧那个男孩也喜欢乔乔。他们就这样顺理成章地开展了恋情。但是才恋爱没多久，男孩就对乔乔提出："你可以多多运动，要是减少20斤，你的身材可就太完美了，马上秒杀班花。"听到男朋友这么说，其实乔乔心中有些不悦，但是她实在太喜欢男友，为此当即开始减肥，早饭和午饭都减量，晚上直接不吃，以黄瓜、西红柿代替。一个月后，乔乔虽然艰难地瘦了几斤，但是面有菜色，而且患上了贫血。即便如此，男友还是建议乔乔每天都要坚持跑步。就这样，乔乔每天早早起床，和男友一起去跑步。结果，乔乔在一天早晨空腹跑步的时候，因为低血糖晕倒了。父母知道后当即赶到学校，坚决禁止乔乔继续减肥。爸爸语重心长地对乔乔说："乔乔，你的体重在正常范围内，只是比较匀称，不纤细苗条而已。匀称、丰满也是一种美，你何必要以伤害健康为代价去盲目减肥呢？”乔乔嗫嚅着说：“现在的男孩子都喜欢瘦的女孩！”爸爸忍不住说：“你这么想就大错特错了。如果一个男孩真的喜欢你，就会喜欢你的全部。你可以问问你妈妈，当年你妈妈也像你这样匀称丰满，我就非常喜欢你妈妈，有那么多麻杆儿女孩追求我这个美男子，我都毫不动心呢！如果你现在非常胖，已经影响健康，那么爸爸妈妈当然全力支持你减肥。不要为了取悦别人而伤害自己，好吗？对你提出苛刻要求的人，是不值得你去珍惜的。真正爱你的人，一定会把你的健康放在首位。”乔乔觉得爸爸说的也有道理，这次事件之后，她告诉男友自己会保持体重，不会再盲目减肥。男友渐渐地疏远了乔乔，乔乔有些伤心，却没有感到太遗憾。她相信，自己一定会等来命中注定的真命天子，也一定会收获真正的幸福。

情窦初开的女孩和男孩，在爱情之中，很容易就会把自己低到尘埃里。他们误以为只要自己变得更加符合对方的审美和要求，就一定会赢得对方的喜爱。殊不知，真正的爱情一定会尊重每个人本来的样子，全盘接受，真心欢喜。就像事例中的乔乔一样，不管你是美丑、胖瘦还是高矮，都不要为了别人而改变自己。即使真的要改变，也要为了自己而改变，要出于自己的真心而改变，这才是最重要的。不知道自己想要怎样的人生，如何能够变成自己最美好的样子呢？

古人云，身体发肤受之父母，每个人都要感恩、尊重父母的给予。现代社会中，有很多人都会选择减肥，还有很多人会选择整容。实际上，这是很糟糕的选择，会让自己变得不是自己，也会让自己迷失在茫茫的人海中。一个人，不能被任何人禁锢和限制，只有自由自在做自己，忠于自己的内心，才能活出自己的样子。记住，如果你始终在模仿和迎合别人，即使获得成功，也不是真的成功，充其量只是别人的翻版而已。只有不断地努力成长，坚持做自己，才能在人生的道路上更加快速地前行，奔向伟大的理想和梦想。人生的时光是非常短暂的，不可重来，既然如此，就让我们珍惜生命的宝贵时光，努力前行，无所畏惧，向着心的方向。

第2章

没人能够打败你，除非你自己放弃

任何时候，都没有人能打败你，因为你就是自己的上帝，你就是自己的神。只有你自己放弃，才会自己打败自己没有人能够打败一个坚强的你。就像海明威笔下的《老人与海》中的桑迪亚哥老人一样，一个尽可以被打倒，但就是不能被打败。桑迪业哥老人在捕捉大鱼的过程中，与大鱼进行了很长时间的搏斗，后来好不容易征服大鱼，海里又有很多庞然大物想要吃掉大鱼，为此，他又在缺吃少喝的恶劣条件下，与那些掠夺者进行搏斗。最终，他带着大鱼的骨架子回到岸边，累得倒头就睡，却征服了自己，也征服了世界。作为普通人，在面对人生中的各种挫折和磨难时，我们也要非常努力去拼搏，才能让自己有更加强大的表现。

迎难而上，让自己变得更加强大

在这个世界上，没有任何人的人生会是一帆风顺、顺遂如意的。在成长的道路上，我们总是会遭遇各种各样的磨难和挫折，也总是会被动接受生命中形形色色的惊喜和惊吓，最重要的是，我们要迎难而上，才能让自己变得更加强大，才能让自己的人生获得成功。否则一旦遇到小小的挫折就选择放弃，就一味地逃避，我们的未来一定会变得非常黯淡，我们的人生也会因此而止步不前。

面对困难，我们可以有不同的态度，这是每个人在人生之中都有的选择的权利。或者迎难而上，或者知难而退，作为先天条件都相差无几的普通人，不同的人在分别选择这两种不同的态度时，也就意味着人生会有截然不同的结果和收获。所以，真正想要获得成功的人，一定要更加努力，从而勇往直前，有的放矢地追求成功。如果总是当人生的怯懦者，为了暂时逃避失败而一味地退缩，则最终会在成功的道路上迷失自我，且会在成长的过程中失去对于人生的各种渴望和憧憬。这样的人生如同套中人，必然束手束脚，无法取得进步。任何时候，我们都要全力以赴地经营好人生，如此才能获得更多的可能性，才能真正经营好人生。

还有些人对于自己总是太过苛责。他们对于自己的要求很高，不允许自己有任何疏忽和闪失。殊不知，没有任何人能够保证自己的人生万无一失，我们唯有全力以赴地经营好人生，才能在人生道路上勇往直前，才能在追求成功的时候有更多的资本。正如一位名人所说的，苦难是人生的学校，每个人只有从苦难的学校里毕业，才能变得更加强大和无所畏惧。如果总是因为苦难而迷失，或常常因为在苦难中失去自我而变得颓废沮丧，我们就会成为苦难的奴隶，受到苦难的驱使。任何时候，我们都要非常努力地向前，绝不放弃拼搏，才能成为真正的人生强者。

那些获得璀璨成功的人，并不是因为一时的努力就获得成功的；那些总是与失败结缘的人，也不能因为一次失败就彻底失去生命的希望。每个人在成长的道路上都要勇敢无畏，都要努力前行，才能最大限度地完成人生的梦想。迎难而上不是目的，我们最终的目的是要战胜困难。既然如此，在努力奋斗的过程，即使遭遇困境，也不要轻易放弃。谁的人生能一帆风顺呢？每个人的人生道路都是一波三折的，能够战胜这些坎坷磨难的，就成为人生的强者，不能战胜这些坎坷磨难的，就成为人生的弱者。所以，当我们真正做到迎难而上时，就可以在成长的道路上强大起来。

现代社会，很多年轻人抵抗挫折的能力越来越弱，他们从小就在父母的呵护下成长，从未经历过人生的风雨，后来又在人生的道路上不断地前行，走入社会。可想而知，社会上没有任何人会像父母一样去对待他们，他们感到心理落差很大，也常常感到内心受到伤害。前些年，深圳富士康发生十二连跳事件。近些年，也有一些初中生、高中生，甚至是大学生选择自杀。这让我们忍不住要深思：这些孩子都是怎么了？这些原本应该朝气蓬勃、满怀希望创造人生美好未来的年轻人，都怎么了？任何时候，人生都不是一蹴而就的，也不是盲目慷慨的。我们只有不断地努力成长，获得成功，才能经营好属于自己的人生。不经历风雨怎能见彩虹，每个人都要经受生命的磨砺，才能不断地成长，才能在人生前进的道路上勇往直前，无所畏惧。

每个人都要和自己赛跑，都要非常努力才能获得人生中的成功。人生不是百米冲刺，而是马拉松，如果说在百米冲刺中一次跌倒就注定要成为败者，那么，在马拉松的过程中，即使跌倒也没关系，只要能够爬起来继续前行，就可以在人生中不断成长，最终到达终点。为人生点亮一盏灯吧，要相信这盏灯终究会照亮你前行的路，要相信这样的人生终究会回报给你该有的精彩与绚烂！

把困难当成奋斗路上的垫脚石

如果你把困难看成是拦路虎，那么困难就会始终横亘在你的面前，挡着你的去路，让你根本没有办法超越，也不可能战胜。如果你把困难看成垫脚石，那么你就可以踩着困难作为阶梯不断地前进，在此过程中，你也会上升到更高的高度，从而让自己站得更高，看得更远，并获得更大的人生格局。正如人们常说的，困难像弹簧，你强它就弱，你弱它就强。面对困难，我们只有摆正心态，采取正确的姿态面对困难，才能以强大的力量彻底消除困难。如果我们面对困难自己就先怯场了，那么，面对人生路上的很多艰难坎坷，我们还如何能够激发自身的力量，成为真正的强者，把困难踩在脚下呢？

现实生活中，总有一些人面对困难很畏惧。当困难来敲门时，他们总是躲得远远的，似乎只要这么做就可以躲避困难。然而，人生中的很多事情是躲不过去的，作为生命的个体，我们只能面对。有些人的畏难情绪特别强，他们在还没有正式开始做一件事情的时候，就会对这件事情有很多的忧愁和思虑。殊不知，凡事皆有度，过度犹不及，当他们忧愁和思虑过重时，就会变得杞人忧天，不知道如何面对自己。实际上，很多事情并不像我们想象中那么困难。一则是因为我们的能力在不断增强，二则是因为事情处于不断的发展和变化之中，所以会变得更加容易和简单。当然，也有可能变得更糟糕，但是我们不能只想着事情一定会更糟糕，因为事情的发展会朝着两个方向，而好坏各占50%的比例。如果你一心只想着糟糕的一面，那么你就要调整好心态，也想一想成功的一面，这样才能战胜心底的怯懦，让自己更加勇敢无畏地向前。

前文所说的，是在真正面对困难之前的态度。实际上，在困难出现之后，我们也要摆正心态，而不要始终沉浸在糟糕的结果之中无法自拔。我们一定要知道，人生是没有回头路可走的，过去的已经成为不可改变的历史，我们唯一能够把握的只有现在。我们必须要抓住现在，活在当下，才能以充实的今天迎来美好的明天。我们如果总是沉浸在过去之中无法自拔，如果总是对于自己的人生缺乏希望，则一定会失去自我，也会因为迷惘而耽误人生的成长和发展。尤其是在面对糟糕的结果时，很多人更容易在不知不觉的状态下沉浸在懊恼中，对此，我们一定要调整好自己的心态，端正对待人生的态度，才能无所畏惧，拥抱人生。

热爱听小提琴的朋友们都知道，帕格尼尼是世界上非常伟大的小提琴家。他在一生之中饱经磨难，却从未放弃自己热爱的音乐事业。他很小的时候曾经因为一场疾病差点死去，后来，病魔并没有放过他，他先后患上肺炎、牙疾、眼疾、关节炎、肠道炎、声带炎症等，不但眼睛看不清楚，说话也变得不可能。后来，他的小儿子不但当他的拐杖，指引他走路，还当他的翻译官，根据他的口型翻译他的意思。即便如此，他并没有自暴自弃，而是始终坚持练琴。在57年的人生经历中，他把大量的时间用于练琴，每天练琴的时间都多达10个小时。正是因为这样的执着，他才能够成为世界级的超级小提琴演奏家，也让原本想要当他老师的人感到羞愧不已。

很多听众都热爱帕格尼尼的琴声。当年，帕格尼尼在巴黎举行演奏会，当时巴黎流行霍乱，很多人足不出户，躲避霍乱，但是当听说帕格尼尼演唱会即将开场，他们马上走出家门，走入演艺厅，倾听帕格尼尼的演奏。可想而知，帕格尼尼的琴声多么富有魅力。帕格尼尼不但征服了热爱音乐的人们，也征服了李斯特这样的音乐家。在世界音乐历史上，人们把帕格尼尼、弥尔顿和贝多芬并称为三大怪杰，他们不但都在音乐上有着特别的造诣，而且都是重度残疾。帕格尼尼是哑巴，弥尔顿是瞎子，贝多芬是聋子，他们都战胜了身体上的残疾，成就了伟大音乐事业，也给世人留下了震撼心灵的音乐作品。

在人生的漫长道路上，每个人都会遇到形形色色的困难和磨难，如果被困难打倒，就会成为困难的奴隶，被困难折磨和击垮。如果能够保持坚强的姿态，在面对困难的时候努力向前，勇往直前，就可以战胜困难，全力以赴地经营好自己的人生。实际上，心理学家曾经证实，大多数人的先天条件都是相差无几的，之所以有的人成功，有的人失败，是因为他们在成长的道路上，在后天之中，面对困难和人生磨难的态度不同。

很多朋友都喜欢爬山，也知道对于登山爱好者来说，珠穆朗玛峰是他们心中最神圣的地方。无数人为了征服珠穆朗玛峰付出生命的代价，但是登山爱好者依然对此前仆后继、勇往直前。正是在这样的历程中，人类的极限不断被挑战，也的确有很多人都成功登顶珠穆朗玛峰。在人生之中，我们面对一个又一个困难，何尝不是在爬山呢？要想成功登上人生的巅峰，我们就不能被小小的困难击垮。试问，如果一个人连小山包都不能爬上去，还如何能够登顶更高的山峰呢？一个人一定要努力进取，才能在成长的道路上勇往直前，无所畏惧。因为人生总要一步一个脚印地向前，也要非常努力地进取，才能不断地突破和超越自己。记住，没有人会直接把喜马拉雅山作为自己挑战的目标，相反，他们只能先从小山包开始，不断地提升挑战的目标，也不断地做最好的自己，这样的人生才是值得期待的，才是具有无穷潜力的。

熬过去，才能柳暗花明又一村

人生的道路上，总是会有各种各样的艰难困苦，甚至有些突如其来的打击，还会让我们误以为自己进入了人生的绝境，根本没有出路，也不可能获得生机。常言道，天无绝人之路，我们所谓的人生绝境，这是在当时当事，因为自身的能力局限或者思维限制，而觉得无法超越和战胜而已。实际上，时间不但是一剂良药，也是我们解决问题的好帮手。在不知道应该怎么做的时候，我们就要停下来，耐心地等待时间流淌，这样一来，说不定随着时间的流淌，情况就会有很大的改变，也会有更多的生机出现。

曾经有一位记者采访一名百岁老人，问这个老人："老人家，您跨越了两个世纪，经历过战火纷飞，也进入了和平年代，您对于人生有什么感想呢？"老人用没有牙齿的嘴巴笑着，说："熬。"记者一时间没有听清楚这个简单的字，也因为老人的回答超出了她的预期。曾经，她以为老人一定会有很多的感慨，也会滔滔不绝地说很多对于人生的领悟，而眼下老人说的这个字到底是什么意思呢？记者细细想来，回顾老人的一生，这才体会到这个“熬”字的意思。原来，人生真的是要靠熬才能过去的，不管是顺境，还是逆境，唯有熬过去，人生才有希望和未来。反之，如果人们因为一个小小的挫折就被打击，就彻底逃避，也失去希望，那么人们就会陷入被动状态之中无法自拔，也会在成长的道路上迷失自我，以致未来堪忧。

每个人在生活中都会遇到各种各样的窘境和伪装的绝境，也原本以为自己无法支撑下去，等到熬过去才发现，曾经不堪回首的过往都会变成自己骄傲和自豪的资本，甚至，过往越是艰难，今日越是能获得巨大的喜悦和成就感。记住，天无绝人之路，人生总是会有出路，而出路就在每一个心怀希望之人的脚下。只有轻视困难的人，才会真正地打败困难，才会一往无前地获得成功，才能真正把困难踩在脚下。

约翰·罗布林是美国的一位桥梁设计工程师，他非常富有创新精神，常常在设计桥梁的时候不走寻常路。在1969年之前，罗布林提出要建造一座大桥，这座大桥将会横跨布鲁克林和曼哈顿。这个想法简直太疯狂了，受到其他很多桥梁专家的反对。然而，罗布林坚持要建造这座大桥，而且他的儿子华盛顿——一位同样优秀的工程师，也坚决支持父亲。

正是在华盛顿的支持下，罗布林开始着手设计大桥，并且在1969年争取到多家银行的投资，从而为真正开工建造大桥做准备。

当所有人都感到惊讶的时候，在大桥开工才几个月之后，就发生了毁灭性的重大事故，罗布林在这次事故中不幸失去生命，而华盛顿的大脑也受到严重的伤害。正当所有人都以为建造大桥的工程会搁浅的时候，瘫痪在床、口不能语的华盛顿依然坚持要完成大桥。为此，他用唯一能动的手指敲击妻子的胳膊，然后由与他心意相通的妻子解读暗号，把他的意思翻译给其他工程师听。就这样，在整整13年的时间里，华盛顿一直在以这样的方式担任着桥梁建造的总工程师，最终促成布鲁克林大桥的落成。如今的布鲁克林大桥，已经成为举世闻名的景点，也成为继世界七大工业奇迹之后的第八大工业奇迹。不得不说，这是人类智慧的结晶，也是罗布林父子面对困境绝不屈服的勇气体现。

如果当年罗布林在奔走呼号却得不到支持的时候放弃了建造大桥的想法，如果华盛顿在父亲去世、自己也失去活动能力和语言表达能力之后也放弃了建造大桥的想法，那么如今世界上就不会有布鲁克林大桥这么壮美、这么神奇地存在着。很多时候，看似处于绝境，实际上只要能够坚持去做，打破各种困境，努力推动事情向前发展，结果就不会那么糟糕。最重要的是，我们一定要心怀希望，也要不离不弃，否则就无法以坚强支撑起对于人生的追求，也就无法以从容的心态面对人生中的一切。

人生从不会一帆风顺，有什么比用一根手指来传递信息、建造世界上最伟大大桥的难度更大的事情呢？既然这样的奇迹都可以变成现实，面对人生中各种不那么艰难的事情，我们就无须那么绝望，更不能轻而易举地放弃。只有不断地努力向上，只有坚持不懈勇往直前，才能才能活出独属于自己的精彩人生。冬天已经来了，春天还会远吗？黑夜即使再漫长，光明也会到来。在人生漫长的旅途中，当我们遭遇困境和绝境时，当我们恍惚，觉得脚下无路可走的时候，一定不要放弃，而要非常努力，坚定不移往前，这样的人生才能勇往直前，无所畏惧，才能乘风破浪，披荆斩棘。

只要你有希望、有信心，人生就不会面临绝境。只有那些遭遇生活小小的困厄就马上放弃的人，才会面临生活的绝境，才会真正地败给人生。

遭遇挫折正是人生成长的契机

有谁的人生会始终一帆风顺，绝不遭遇任何坎坷挫折呢？可以说，在世界上，这样顺遂如意的人生根本没有。既然人生的常态就是不如意，既然人生的本质就是要战胜挫折，我们与其抱怨命运，不如坦然接受生命中的一切不如意，这样才能有的放矢地面对成功，才能在成长的道路上不忘初心，砥砺前行。正如人们常说的，心若改变，世界也随之改变。在人生的历程中，那些真正的成功者，并不是因为有独特的天赋，也不是因为得到了贵人的相助，而是因为他们有着坚强勇敢的心。他们不但敢于冒险，也敢于在人生陷入困境的时候迎着困难扬起风帆。

生命从呱呱坠地开始，就一直在成长，这样的成长既包括生理上的，也包括心理上的。为了让生命更加勇敢无畏，奋勇向前，即便在长大成人之后，我们也一定要非常辛苦和努力，才能在人生道路上卓尔不凡，无所畏惧。古人云，生于忧患，死于安乐，这就告诉我们，越是在顺遂如意的环境里，我们越是会因为安逸而消磨自己的斗志；越是在艰难坎坷的环境里，我们越是会为了成功而努力地战胜自己，获得成长。有的时候，在短暂坎坷之中获得的提升，远远超出我们在长久顺境中获得的提升。所以我们不要总是排斥和抗拒逆境，而是要敞开怀抱接纳逆境、拥抱挫折，只有怀着这样积极的态度，我们才能在面对挫折的时候获得更多的成长，才能在不断成长的过程收获成熟和强大。

如今，很多人都在使用IBM的产品，而鲜为人知的是，作为IBM的创始人，沃森从小出生在贫穷的农民家庭里，并没有出色的家庭背景和教育经历。因为家境贫寒，沃森在17岁的时候就开始给老板打工，他的主要工作是用马车拉着缝纫机，走街串巷地去推销给那些农户家庭。起初，老板给沃森的薪水是每周12美元，对于这个薪资水平，沃森很满意，直到他从一个同行那里得知，按照他的销售业绩，他理应每周拿到65美元，他才意识到自己被狡猾的老板欺骗了。为此，他当即怒气冲冲地找到老板，要求老板补偿他的薪水，没想到老板却把他辞退了，且没有给他补任何薪水。沃森深受打击，非常沮丧，但是他也因此找到了新的目标，那就是给按照销售业绩付薪酬的老板工作。

在当时，经济情况非常不好，沃森整整寻找了好几个月，才又找到一份推销缝纫机的工作，这次他是按照销售业绩拿薪酬的。后来，沃森还推销过股票。在赚取启动资金后，他与朋友合伙开了一家肉店。没想到的是，他最终被朋友背叛，肉店被朋友席卷一空。一贫如洗的沃森只好再次干起推销的老行当，这一次，沃森加入国银收银机公司，一干就是18年，他受到国民收银机公司总裁帕特森先生的巨大影响，到后来成为公司里一人之下、万人之上的实权派人物。然而，帕特森虽然善于经营，却很独裁专横，在听信别人的谗言后，帕特森开除了沃森。此时的沃森有经验、有资金，为此他决定开创属于自己的伟大事业，再也不屈居人下。由此，沃森成立了IBM，并大获成功。

如果不是被帕特森开除，沃森也许一辈子都会在国民收银机里干下去。正是因为有了这样的契机，尽管他很气愤帕特森听信谗言，却抓住了这样的好机会，开创了属于自己的伟大事业，也让自己的人生进入崭新的发展阶段。塞翁失马，焉知祸福？要想躲避过灾祸，要想抓住机会成就自己，我们就要摆正心态。只要我们的心始终乐观积极，对于人生也从不放弃希望，我们就能够在人生中获得成长，获得进步，并经营好属于自己的人生。

挫折就像是人生的试金石，真正的强者绝不屈服，而是会借助遭受挫折的时机提升和锻炼自己，而那些人生的弱者则会在挫折面前败下阵来，或者一蹶不振，或者彻底放弃希望，让人生再无成功的可能性。我们 定要全力以赴战胜挫折，这样才能在人生的道路上勇往直前，才能真正成就强大的自己。挫折是成功的前奏，当挫折来敲门时，只要你正确应对，你距离成功也就不远了。

痛苦过后，你就有了坚强的铠甲

有谁的人生始终都是蜜里调油，从未经历过痛苦呢？绝没有。在这个世界上生存，每个人都有独属于自己的痛苦和烦心事，真正的轻松自在是根本不可能存在的。既然痛苦是人生中无法回绝的礼物，我们就不要总是在痛苦历程中迷失自己，而应理性接纳痛苦，从容消化痛苦。唯有如此，我们才能有坚强的铠甲，才能在成长道路上不断地努力前行，获得更好的成长。

从这个角度而言，当痛苦来袭的时候，不要一味地逃避和抱怨，而应勇敢接纳，平静面对。正如人们常说的，既然哭着也是一天，笑着也是一天，我们为何不能笑着度过人生中的每一天呢？既然要面对的一切无法逃避，我们不如让过程变得更加美好一些，有的时候，过程的美好和心态的平静，说不定还能从某种意义上改变结果呢！

人的本能都是趋利避害，没有人愿意一直面对痛苦，承受挫折的打击。除了要消除痛苦等负面情绪之外，我们还要学会以实际行动驱散痛苦。曾经，有心理学家认为人的行为会受到情绪的影响，强调情绪对于人的各种行为的影响力。而实际上，人的行为也会给情绪产生很多的影响。例如，当你感到心情郁郁寡欢的时候，对着镜子里的自己勉强欢笑，或者为了在朋友面前展现出好状态而假装与朋友谈笑风生，你会发现，渐渐地，你的情绪越来越好，甚至原本的抑郁情绪都消失不见了。也有心理学家提出，人的行为也可以改变情绪，换而言之，在不高兴的时候假装高兴，情绪就会变得好起来，人生也会更加顺利。

当你发自内心地把痛苦变成自己人生的宝贵经验，当你有信心把痛苦转化为人生的各种盔甲，你就不会再那么排斥痛苦了。以一个不恰当的比方来说，痛苦就像是身体中的癌细胞。迄今为止，医学上尚未找到能够彻底消灭癌细胞的方法，各种治疗癌症的方式，目的都是让癌细胞被控制和减少，令免疫细胞更加强大。当免疫细胞足以抗衡癌细胞的时候，健康的细胞就可以与癌细胞共存，人的生命也就可以得以延长。既然我们无法抗拒痛苦这件人生的大礼，为何不能与痛苦和谐共生，甚至把痛苦转化为生命的动力和能量呢？

很久以前，有一位年轻人觉得生活太苦了，总是接二连三遭受打击，在生命的厄运中起起伏伏，这让他简直无法活下去。为此，他来到深山里，找到高僧询问："师父，人生这么苦，我们为何还要活着呢？我觉得自己简直快要被碾碎了。"高僧看着年轻人愁眉紧锁的样子，什么都没有说，而是拿出一粒花生给年轻人说："用力把它捏碎。"年轻人依言而行，很容易就把花生壳捏碎了，露出了穿着"红棉袄"的花生仁。高僧又说：“继续用手指揉搓。”年轻人用两个手指揉搓着花生仁，很快，花生仁的“红棉袄”也被揉搓下来了，只剩下白白的仁。年轻人看着高僧，高僧却让年轻人继续揉搓。年轻人越来越使劲地揉搓，但是花生仁再也没有什么改变。年轻人疑惑不解地问高僧：“师父，难道你要让我用手挤压出花生油来吗？”高僧被年轻人的话逗得笑起来，问：“你觉得你能做到吗？”年轻人摇摇头：“挤压花生油是需要专业设备的。”高僧说：“的确，你的手指力道也就这么大了，是不可能挤压出花生油来的，也可以说，花生仁在你的手指之间是足够强大的。做人也是如此，人生的力道也是有限的，尽管有很多挫折和磨难来挑战你，却不会使你毁灭，当然前提是你要有一颗坚强的心。”

高僧说得很对，人生中总会有各种各样的痛苦，在考验着我们的心，也在磨炼着我们的意志。任何时候，我们都应该坚定不移，决不放弃，这些才能在人生的道路上走得更稳、更长远。记住，生活的力道对于每个人而言都是不同的。例如，对于野草而言，风吹雨打都不是问题，但是对于温室里的花朵而言，它们看起来那么娇嫩和美丽，经不起风雨的摧残。为此，我们要强化自己的内心，让自己的精神和意志变得强大，这样生活中的很多艰难也就不复存在，人生中的很多困苦也就会变得越来越小。

以痛苦磨砺和成就自己，让自己拥有坚强的盔甲，人生的前景才会更加美妙，人生的未来才会变得更加强大。正如一首歌里唱的，不经历风雨，怎能见彩虹，没有人能随随便便成功。在人生前进的道路上，我们一定要全力以赴，努力向前。你所有的经历，你所有的担当，都会成为你人生中最丰厚的资本，也会给予你人生中最美好的未来和憧憬。

第3章

我不怕世界质疑，只求做好自己

一个人最大的成功是什么？不是模仿别人获得成功，活成别人的样子，也不是人云亦云，盲目跟风，乃至迷失自己；而是在这个熙熙攘攘的世界里，坚定不移地做好自己，让自己变得更加真实美好，让自己获得想要的理想生活，实现梦寐以求的梦想。这样的人生，即使不被每个人所接纳和赞许，也是成功的，因为拥有这样人生的人真正做好了自己。

不自卑，谁的青春能够完美

常言道，金无足赤，人无完人。在这个世界上，没有一片绝对完美的树叶，也没有一个绝对完美的人，这是因为根本不存在真正的完美。作为普通而又平凡的人，我们有缺点也有优点，也劣势也有优势。我们要坦然接纳自己，真正包容和理解自己，才能做到客观公正地评价自己，才能有的放矢地激发自身的力量，让自己在人生的道路上表现更好。

不可否认，人人都想获得成功，都想在成功的道路上追求自己的梦想和志向。然而，成功从来不是一蹴而就的，天上也不可能掉馅饼，为此，我们如果想更加顺利地走向通往成功的道路，一味地乞求道路平顺是不可能如愿的，我们只有更加努力地提升和完善自己，才能在成功的道路上不断前进，持续地进步。很多时候，我们必须非常辛苦和努力，才能有的放矢地经营好人生，如果总是对于人生有太多的迷茫，也不知道人生的道路应该怎样去走，那么，在成长的道路上，就会陷入困顿，也会变得失去动力。

人生要想努力进取，有信心是很重要的。现代社会中很多年轻人之所以成长乏力，就是因为他们缺乏自信，一件事情还没有真正去做，就先否定自己。这样的人生，无疑是非常糟糕的，也会缺乏动力。正如有一位名人所说的，成功者就是有决心的普通人。在成功的道路上，我们一定要非常辛苦和努力，才能全力以赴地经营好人生，也要怀着足够的自信，才能超越一切艰难困境，坚定不移地做自己。

不自卑，人生才有力量；不自卑，人生才能绽放光芒。作为爱尔兰大名鼎鼎的剧作家，萧伯纳曾经说过，自信是人生的翅膀，可以让人从渺小变得伟大，从平庸变得传奇，也可以让原本平淡无奇的人生绽放出光彩。对于每个渴望成功的人而言，要想成功，就要先激发自己的自信，让自己更加勇敢无畏，努力前行。自信，是人生最大的内部驱动力，也是人生中富有光彩的未来希望所在。很多自信不足的人，即使眼睁睁地看着机会在眼前，他们也无法抓住。而有自信的人呢？面对人生，他们激情澎湃，内心充满无穷的动力，常常能够奋发向上，他们有神奇的力量战胜人生的坎坷困厄，也能够全力以赴，绽放人生的精彩。

很多人都知道埃及金字塔，也知道金字塔是很高的，是历史的伟大遗迹，甚至有人说金字塔是神迹。因为即使在工业高度发达的今天，人类也很难创造金字塔那样的神迹。而在整个自然界所有有生命的生物之中，只有两种生物能够到达金字塔的顶端。一种动物是老鹰。看到这里，你一定会会心一笑，老鹰展翅翱翔，搏击长空，当然能够飞到金字塔顶端。那么，你知道另外一种动物是什么吗？另外一种动物是蜗牛。看到这里，肯定会有很多朋友感到惊讶：蜗牛爬得那么慢，怎么可能爬到金字塔顶端呢？蜗牛的确能够爬到金字塔顶端，让它获胜的不是速度，而是它的坚持和毅力。

还记得龟兔赛跑的故事吗？乌龟和兔子赛跑，兔子仗着自己跑得快，根本没把乌龟放在眼里。它跑到半途之后，居然在大树下睡觉，想等到睡醒之后再接着跑，它有信心战胜乌龟。然而，乌龟一直爬啊爬啊，从之前的落后于兔子，到后来超越了兔子，直到乌龟一直爬到终点，兔子还没睡醒呢！就这样，原本胜券在握的兔子，居然败给了乌龟。对于乌龟而言，这样的冠军得来不易，却不是绝无可能。

人生也是如此。很多时候，我们看不到胜利的希望，但是并不代表胜利的希望不在。关键在于，是我们心中的阴霾遮挡了阳光，还是我们内心的勇敢无畏战胜了胆怯和自卑。作为年轻人，我们可以没有显赫的家世，可以没有荣耀的背景，也可以一无所有，从头开始，但是一定要有自信。只有自信，才是人生的翅膀，只有未来，才会让我们的人生拥有更多的美好成就，获得绚烂的绽放。

不管你是否完美，都不要自卑。只有自信的你，才富有人生的力量，才是最强大的，才有可能创造生命的奇迹！遗憾的是，现实生活中，自卑的情绪常常会来打扰我们，也让我们觉得沮丧失望，甚至感到悲观绝望。不得不说，自卑的负面作用还是很大的，常常会让我们陷入无助的状态无法自拔，也常常会让我们的内心失去奋斗的动力和对人生的希望。既然如此，我们就要让人生充满希望、充满自信，也充满无限的可能性。任何时候，生命的历程都是漫长的，自信就像是我们的心理构建工程师，会让我们在面临人生中诸多糟糕的境遇时始终充满勇气。人的心就像是一个容器，当心中充满了积极和乐观时，消极和悲观就会无处遁形。反之，如果心中被阴霾充满，也就没有希望的容身之地。我们一定要全力以赴地做好该做的事情，这样才能有的放矢地控制好人生的方向，把握好人生的未来，并收获更多的果实。

变成一匹千里马，寻求伯乐赏识

曾经有一匹千里马和很多普通的马一起混迹在马厩里，它当然知道自己是一匹千里马，为此根本没有把其他的马放在眼里，而总是非常高傲，不愿意和其他的马搭讪。其实，千里马一直在等待伯乐的到来，它常常告诉自己：“我一定会等到伯乐，伯乐一定会把我带走的。”千里马等啊等啊，等到花儿都凋谢了，伯乐也没有到来。直到冬去春来，千里马才终于等来伯乐。但是，这个伯乐似乎没有火眼金睛，他在马厩中寻找很久，才找到千里马，对千里马说：“你快出去跑一跑，让我看看你的能力！”千里马对于伯乐所说的话不以为然：这是什么伯乐，不能一眼就认出我来也就罢了，居然还要让我出去跑一跑，这分明是个冒牌的伯乐啊！就这样，千里马拒绝出去跑一跑。后来，伯乐很失望地走了。千里马给自己打气：放心吧，会有一眼就能认出来你的伯乐！后来，千里马又等了很久，但是再也没有伯乐来过。千里马渐渐老了，原本油光锃亮的毛发也变得暗淡，体力越来越差。最终，千里马穷尽一生也没有等到伯乐。

每个人都想找到自己的伯乐，但是如今千里马也很多。所以，作为真正的千里马，我们一定要懂得推销自己。如果上文中的千里马能够在伯乐的邀请下展示自己，那么它也就不会穷尽一生都在马厩中度过，丝毫没有实现自己的价值。尤其是在如今的时代里，信息传递的速度这么快，酒香不怕巷子深的时代已经一去不返，在人才济济的现状中，我们一定要学会突显自己，展示自己，尤其是在伯乐到来的时候，不要居功自傲，而要主动呈现自己，如此才能获得千载难逢的好机会，才能让自己的人生发展更加顺利。

所以，即使我们是真正的千里马，也要学会转变思路，从等待伯乐到来，到主动寻找伯乐，这样我们的人生才会抓住更多的机会，才能赢得更多的赏识，才会具有更大的成功可能性。人生短暂，时光飞逝，时代也在催促着我们不断地向前，任何时候都不要放弃努力，从被时光推着向前走，到主动超越时光，跑在时光的前面，这是很重要的。正如人们常说的，人生如同逆水行舟，不进则退，我们要想做到与时俱进，就要非常努力，更何况我们还有远大的理想，要领先于时代。这就要求我们要更加优秀，更加出类拔萃，从而让自己更精彩呈现。

春秋时期，秦军的主将率领大军打败赵军，并且趁胜追击，把赵国都城邯郸如同箍铁桶一般团团围困起来。眼看着赵国危在旦夕，赵王非常担心，因此决定派出平原君赵胜，去楚国寻求救援，让楚王派兵为赵国解围。平原君深知自己此行前去楚国游说任重道远，甚至关系到赵国的生死存亡，为此他赶紧召集所有的门客，想从门客中挑选20个人陪同他一起前往楚国。然而，他左挑右选，虽然门客众多，但是符合他要求的只有19个人。正在平原君感到为难的时候，门客毛遂主动站出来，对平原君说："我愿意跟着您一起出使楚国！"平原君见毛遂很眼生，因而迟疑地说："你想和我一起去楚国，但是我从未听说过你。虽然你在我的门下当门客也有3年的时间了，但是从未表现出任何才华。在布袋子里，如果是尖锐的钉子就一定会刺穿袋子，露出来的。”毛遂心平气和地对平原君说：“如果我在布袋子里，我肯定早就露出来了，只是我一直都不在布袋子里而已。”看到毛遂信心满满的样子，平原君答应带着毛遂一起出使楚国。

到了楚国，楚王让门客都留在大殿之下等候，而只允许平原君一个人去到大殿上与楚王进行交谈。然而，平原君想尽办法也无法劝说楚王发兵，眼看着时间流逝，平原君已经进入大殿半天的时间却毫无结果，门客都急得团团转，如同热锅上的蚂蚁一样焦灼不安，却没有好办法。这个时候，毛遂三步并作两步快速走上大殿，喊道：“出兵的事利害关系一眼可见，为何总是迟迟不能做出决断呢？”楚王看到毛遂这么无礼的样子，问平原君：“这个人是什么人？”平原君回答：“他是我的门客，名叫毛遂！”楚王大声怒喝：“赶快退下，这里没有你说话的分儿！”看到楚王非常生气的样子，毛遂无所畏惧，居然手按宝剑，快速走到楚王身边，对楚王说：“大王，我只需要再向前10步，就可以要了你的性命！”看着毛遂英勇无畏的样子，楚王不由得感到害怕，只好听着毛遂阐述出兵的道理。楚王被毛遂说得心服口服，当即与平原君签订协议，出兵援助赵国。就是因为楚国等国家的联合出兵，赵国才得以脱困。平原君见识到毛遂的才华，回到楚国后，对毛遂非常尊重且委以重任，并说：“毛先生到达楚国，对楚王义正词严，楚王再也不敢轻视赵国了。”

在历史上，毛遂自荐是一个非常经典的故事，也充分告诉人们，一个人如果是钉子，要想从布袋子钻出来，就要首先把自己放入布袋子。如果一直不在布袋子里，如何能够从布袋子里钻出来展示自己呢？所以每个人都要全力以赴地做好自己，尤其是在有伯乐的时候，更要积极主动地展示自己，从而赢得伯乐的赏识。

在如今的时代里，凡事都发展迅速、瞬息万变，我们要更加努力进取，不断提升和完善自己，才能让自己有更好的成长和发展。若机会不能主动来到我们的面前，为何不当毛遂，推荐自己，为自己争取到更多更好的机会呢？行动起来，要相信自己是最棒的！

努力自救，才能成为人生强者

在漫长的生命历程中，我们会经历各种坎坷和磨难，也会遭遇形形色色的人生危机。在艰难的时刻里，一味地依靠他人来渡过难关，显然是不可能的，我们更应该做到的是努力自救，凭着自己的力量摆脱人生的困境，这样才能成为人生的强者，才能全力以赴地经营好人生。

所谓自救，毋庸置疑，就是凭着自己的力量拯救自己。除了要有自救的意识之外，我们也要努力提升自己的能力，这样才能帮助自己展开自救，否则就会陷入心有余而力不足的尴尬局面。此外，要想自救，还要有坚定不移的信心和顽强的信念。总而言之，我们要成为内心坚定强大的人生强者，才能够真正充满力量，才能够拯救自己，勇敢无畏地走向成功。

有人说，人生是由一个个错误组成的，也有人说，人生是由一个个选择组成的。实际上，不管是错误还是正确，都基于选择的基础之上。我们要想自救，还要培养自己坚持正确选择的能力。细心的朋友还会发现，古往今来，那些伟大的人，无一不是能够自救的人，正是因为有着顽强不屈的毅力和坚定不移的信念，他们才能在各种艰难的境遇中成功地战胜困境，战胜和超越自己。马云说过，梦想的道路一旦选定，跪着也要走完。其实，人生的道路也同样充满坎坷和挫折，我们必须努力进取，也必须坚定不移，才能做好自己该做的事情，才能不断地增强自己的能力，让自己更加强大。

曾经有心理学家说过，对于每个人而言，最可怕的是恐惧本身。我们一定要战胜自己，征服内心的恐惧，如此才能真正超越自己，使自己变强大。人人都希望获得幸福美好的生活，都希望自己可以活得从容不迫，然而，生活从来不是容易的事情，我们一定要且行且珍惜、且行且努力，学会放下心中的沉重包袱和精神上的沉重压力，才能有的放矢地面对人生，才能全力以赴地活出自己的精彩。

自从结婚之后，艾米丽就在家里相夫教子，经历几年的了新婚、怀孕生子、养育孩子之后，原本纤细苗条的身体渐渐发福，整个人也因为忙于做家务、照顾孩子而变得不修边幅，成为彻头彻尾的黄脸婆。原本，守着一家人过着三口人的幸福生活，艾米丽觉得很满足，也不想改变。但是这段时间，艾米丽发现丈夫有一个很明显的改变，那就是他越来越多地说起办公室新来的女秘书，而且总是夸赞女秘书很有气质，也很精明能干。艾米丽渐渐地萌生出醋意，而且为此和丈夫吵架好几次，丈夫终于绝口不提女秘书了。

艾米丽在和闺蜜聚会的时候说起这件事情，闺蜜马上批评艾米丽："你呀，采取了最愚蠢的方式解决这个问题，还觉得自己很聪明呢！你以为你管住了丈夫的嘴巴，就能管住丈夫的心吗？这根本是治标不治本。最重要的是，你必须改变自己，让自己变得更加优秀和美好，才能吸引你丈夫的关注，否则你的丈夫早晚会出事。"听了闺蜜的话，艾米丽恍然大悟。她开始积极地直面问题，也开始积极地改变自己。后来，艾米丽经常得到丈夫的赞美，而且，她的巨大改变，使得丈夫就像在看一个陌生人一样看着她。在结婚纪念日那天，丈夫居然对艾米丽发出了约会的邀请，还特意找来父母帮忙看护孩子，而他则预订了酒店的蜜月套房，要和艾米丽度过一个甜蜜的夜晚呢！

艾米丽直面问题的方式，让她能够从根本上解决问题，也让她更加吸引丈夫，充满魅力，也重新赢得了丈夫的关爱之心。现实生活中，很多结婚几年、度过婚姻蜜月期的女性和男性，都会面临这样的问题，对此，如何在爱情之中开展自救是至关重要的。很多人在婚姻之中都非常紧张和霸道，都想通过管控的方式来控制对方与异性相处，然而正如艾米丽的闺蜜所说，也许能够管得住嘴巴和行为，却不能管住心，为此，我们要从根本上去直接面对问题、解决问题，这样才能维护好爱情，才能把婚姻经营得更好。

当然，在现实生活中，我们所需要面对的不仅是关于爱情和婚姻的问题，还有职场上的很多问题。不管解决什么问题，我们都要深入剖析问题，全力以赴地解决问题，这样才能有的放矢地面对人生，解决人生中的诸多问题，从而让自己在人生中有更加成熟和从容的表现。俄国大名鼎鼎的诗人普希金曾经说过：“假如生活欺骗了你，不要悲伤，不要心急！忧郁的日子里须要镇静；相信吧，快乐的日子将会来临！”无论生活如何对待我们，我们都要学会勇敢地直面生活。很多时候，我们只是缺乏勇气去面对人生，而不是真的能力有限。只有不断地努力上进，从容地面对人生，并无所畏惧地向前、再向前，我们才能全力以赴地做好自己该做的事情，才能积极地展开自救，在推动事情不断向前发展的过程中，拯救自己、完善自己，创造崭新的人生！

相信相信的力量

不可否认的是，人的时间和精力都是有限的，人的能量也是有限的。如果总是把有限的时间和精力浪费在毫无意义的事情上，或者总是不断质疑自己，就会常常导致人缺乏能量去相信和成就自己。从心理能量的角度而言，相信是一种强大的能量，所以我们一定要相信相信的力量，也要毫不迟疑和犹豫地相信自己，这样我们才能在人生成长的道路上获得更多的机会，获得更美好的未来。

遗憾的是，很多人都没有意识到相信的力量，也没有意识到相信自己对于人生的重要支撑作用。他们从未有意识地激发自己的信心，也就不曾拥有相信的力量。在这样的过程中，他们变得迷惘，人生也变得漫无目的和方向。对于不自信的人而言，他们或者没有梦想，或者有梦想却因为缺乏自信而始终无法把梦想付诸实践。正是在这样的过程中，他们迷失了自己，也因此而变得更加焦虑不安。快点儿把“我不行”变成“我能行”吧，这样的你一定会全力以赴地经营好自己的人生，收获生命最美好的馈赠！

卡尔·华伦达是一名走钢索选手，在世界上非常著名，也赢得了无数观众和粉丝的喜爱。他对于走钢索拥有发自内心的热爱，并且常常告诉别人：“我真正的人生在钢索上展开，其他的时间里我只是在等待。”在寻常人眼中，走钢索是一件充满危险的事情，但是华伦达从未为此而感到恐惧或者怯懦。他总是充满自信地去做走钢索这件事情，因为他把走钢索当成是自己真正的人生，也把走钢索当成是自己最重要的事情。在此之前，他从未失败过，但是在1978年，他突然产生了焦虑和怀疑的情绪，他的恐惧正来自他从未失败过。在去波多黎各参加表演之前，他不止一次问妻子：“我要是掉下来怎么办？”听到他提出这样的问题，妻子也感到很担心，沉默之后，妻子安慰和鼓励他：“不会的，你一定会成功。”

从未想过失败这个问题的卡尔·华伦达，自从陷入对自己的怀疑和质疑中，就变得很焦虑。他越来越频繁地想到自己如果失败将会如何，脑海中也浮现出各种糟糕的情形。他的内心也越来越惶恐，甚至无法恢复平静。终于，在波多黎各的表演中，失去自信力量的他，一脚踩空，失去平衡，从高达25米的钢索上掉下来，失去了宝贵的生命。

卡尔·华伦达为何会有那么辉煌的曾经呢？就是因为他以往充满了自信，从未怀疑过自己，所以能够坚定不移地去做好自己该做的事情，也能够战胜恐惧，全力以赴。而他后来之所以失败，就是因为他想到自己从未失败，在心中种下了质疑自己的种子，他的内心充满恐惧，他的人生也因此陷入负面的状态之中无法自拔，这样的游移不定，让他最终失败，失去了宝贵的生命。

一个人，不管是处于顺境还是逆境，都应该绝对相信自己，而不能随随便便质疑自己，更不要轻而易举否定自己。要知道，人生中常常会有很多的困厄，也会遭遇各种各样的艰难，如果因为一点儿小事情就让自己沮丧绝望，使得自己内心失去淡定从容的心境，则会导致人生的道路越走越窄，也会使得自己束手束脚，无法放开了去勇敢面对人生。要想改变这样的局面，我们就要坚定不移地相信自己。在心理学上有一个墨菲定律，意思是说一个人担心的事情总会发生。既然如此，我们为何不做好最坏的打算，然后怀着积极的心态想着成功、奔向成功呢？当然，建立自信也是有方法的。例如，我们可以像英国前首相撒切尔夫人一样从小就习惯坐在前排；我们可以每天都对着镜子里的自己微笑，大声告诉自己“我是最棒的”；我们还可以昂首挺胸，阔步向前，哪怕面对困难和坎坷也坚定不移地做好自己该做的事情，推动事情不断向前发展；我们还可以换一个角度看待问题，从而让自己的思路更加开阔……只有从各个方面提升自己的信心，做好该做的事情，我们才能在人生的道路上勇往直前、无所畏惧，坚定不移地做自己，拼尽全力地成就自己。

第4章

不逼自己一把，你永远不知道自己多出色

人人都想成功，但是成功从来不是唾手可得的。在追求成功的道路上，每个人都要付出很大的努力和艰辛，也必须始终坚持，才能迎来人生中最好的结果。有些人对于人生始终怀着漫不经心的态度，他们随遇而安，不愿意为了成功而付出努力，毫无疑问，这样的人生根本不会有最好的结果呈现。人固然有自觉性，但很多时候也需要逼自己一把，才能迸发出生命的力量。

把自己逼到悬崖，成就更伟大的自己

人生，固然需要机会、天赋、好运气和好的机遇，但是也需要一片危崖。看到危崖这两个字，也许有很多朋友会感到困惑，谁不希望自己的人生岁月静好，为何需要危崖呢？按理来说，人生应该避开这些黑洞才对啊！的确，人人都希望岁月静好，生活顺心如意，但是对于人生而言，这样的状态根本不可能真正实现，所谓的万事如意，只是人们在平日里互相祝福的话语而已。

从本质上而言，人生是需要改变的。现实生活中，很多人的人生都一成不变，这样的生活使人感到枯燥乏味，也使人觉得生命的历程似乎前进与停滞都是一个状态。毫无疑问，这样毫无变化和新意的人生，常常使人感到无奈。所以说，变化是人生的必然，只有在变化的状态中，人生才会不断被推进，才会更加富有力量。从这个角度来说，当觉得人生枯燥乏味的时候，就要把自己逼到危险的悬崖边，这样才能成就更伟大的自己。

很多人都曾经看过《假如给我三天光明》，这本书的作者海伦·凯勒是一个残疾人。她出生的时候是一个健康的婴儿，十分可爱。然而，在一岁多的时候，海伦突然患上猩红热，病势沉重，甚至陷入昏迷。等到从昏迷中醒来的时候，海伦就失去了听力、视力和语言表达的能力。一开始，她还小，并不知道自己发生了怎样的改变。随着不断地成长，她开始逐渐意识到自己与他人的不同，并感到很焦虑不安，脾气也变得越来越暴躁。看到小海伦出现这样的变化，父亲和母亲都意识到应该让海伦接受教育。然而，在当时并没有适合海伦就读的残疾人学校，父亲特意为海伦请来莎莉文老师，让莎莉文老师担任海伦的家庭教师，教授海伦。正是在这样艰难的情况下，海伦开始跟着莎莉文老师进行学习。她渐渐地学会了读书认字，也认识了一些事物。她感到很新鲜，随着知识的储备越来越多，她的内心也恢复了平静。后来，海伦不但顺利从大学毕业，而且成为了一名作家、演讲家。她通过自己的笔触给世人带来光明，激励世人，让他们充满勇气。她还在世界范围内四处演讲，鼓舞无数的人，让他们积极地面对人生，战胜人生的困境。曾经有记者采访海伦，海伦说，如果不是因为这样的残疾，如果她有健康的身体，那么她也许只会有平凡的一生。

不得不说，是命运把海伦推到了人生的悬崖边，因为无路可退，所以海伦只能努力地向前走。她的生命中有很多的困境和障碍，但是那些从来没有成为她真正的障碍。在人生的危崖面前，海伦只能不顾一切地努力。因为只有努力才能创造奇迹，只有努力才能成全自己。这样的海伦，让生命变得非常美好，也让残缺的人生绽放出光彩。

当然，大多数人的人生还是很平静美好的。作为普通人，要想获得成功，我们既要安然享受美好的人生，也要学会给自己的人生推波助澜，让人生有更多的变化。若生活如同一潭死水，我们如何能够使自己的人生更绚烂，又如何能够给予人生更多的可能性和成功机会呢！

其实，从某种意义上而言，成年人反而要向孩子学习。在如今的时代，有很多孩子在成长过程中都要承受繁重的学习任务。甚至有些孩子，在工作日要坚持在学校学习，在周末休息的时候，还要去参加各种补习班。年幼的孩子也许会叫苦叫累，但是在被父母要求必须去上课之后，还是会坚持去上课。和孩子相比，成人缺乏了这样的约束力，常常会在不知不觉间放纵自己，吃饭只吃自己喜欢吃的，做事只做自己喜欢做的。日久天长，他们无法有的放矢地面对人生，也导致自己束手束脚，能力受到限制。

在生命的历程中，我们固然要爱自己，但也要对自己提出更高的要求，如此才能激励自己不断进步。尤其是对于很多渴望获得成功的年轻人而言，更要提升自己，激发自己的潜能，在前进的道路上勇往直前，如此才能让自己更加无所谓惧，人生收获满满。

要想获得新生，就要敢于涅槃

在传说中，龙和凤凰都是神物，龙能上天入海，凤凰则需要浴火涅槃。自古以来，就有凤凰涅槃、浴火重生的说法。其实，凤凰是否真的存在，无人知晓，但是，做人要想和凤凰一样获得新生，就要敢于涅槃，敢于锤炼自己。实际上，有一种人人都喜欢的动物和凤凰一样，也是敢于忍受痛苦重获新生的，而且这种动物也能飞到很高的天空中翱翔。这种动物就是老鹰。老鹰的寿命很长，可以达到70岁。但是，老鹰身上的各个部件在其40岁的时候就会退化。例如，老鹰的爪子会失去力量，并且变得不够锋利，无法抓住动物。老鹰的喙会变得很长，而且特别弯曲，简直要伸到老鹰的胸膛上，根本不好进食。老鹰的羽毛也因为长年累月的生长变得非常沉重，翅膀也会失去力量。老鹰要想和年轻力壮的时候一样生存，几乎不可能。

处于这个阶段的老鹰面临两个选择：一个选择是无所作为，等死；另一个选择是用将近半年的时间，让自己获得新生。在这半年的时间里，老鹰会失去喙、爪子、羽毛，然后等待这些东西重新长出来。可想而知，在此期间老鹰会面临很大的危险，随时都有可能失去生命。这不能阻碍老鹰获得新生，因为它如果什么都不做，将必死无疑。所以明智的老鹰选择冒险，这样也许还会得到新生。为了让陈旧的喙脱落，老鹰要用喙敲击岩石，这样才能让喙脱落。在此过程中，老鹰非常痛苦，但是它始终没有停止，因为它知道此刻忍受痛苦是为了将来能够生存。在长出新的喙之后，老鹰会以喙为武器，用喙拔掉自己的爪子。等待爪子长出来之后，老鹰再用锋利的爪子把自己身上的羽毛一根一根地撕扯下来。就这样，老鹰终于有了新的喙、爪子和羽毛，它变得充满生机，再次翱翔在天空中。经历这样痛苦的半年时间，在此后的30年里，老鹰可以生存得更好。这是一种博弈，也是与自己的赌博。

其实，不管是人，还是动物，要想获得新生，就必须勇敢地打破一个旧的我，成就一个新的我。当然，任何时候，打破自己都是难度很大的事情，作为独立的生命个体，我们除了要多多观察这个世界之外，也要时常反思自己，从而让自己获得成长。

古人云，天将降大任于斯人也，必先苦其心志，劳其筋骨，饿其体肤……作为普通人，我们未必有机会能够获得轰轰烈烈的成功，但是梦想总还是要有的，万一实现了呢？在通往梦想的道路上，哪怕跪着也要走完，哪怕付出再多的辛苦和努力，也绝不能放弃。只有熬过人生中最艰难的境遇，我们才会进入山重水复疑无路、柳暗花明又一村的圣境，才会让自己的内心充满力量，变得更加坚强勇敢、无所畏惧。

人生的道路总是很难走的，没有人能够在人生成长的道路上走得很平顺，更多的时候，不如意是人生的常态，我们必须学会接纳命运赐予的一切，坦然面对人生之路，这样才能强大自己的内心，让自己变得更加勇敢无畏。正如大文豪鲁迅先生所说的，其实地上本没有路，走的人多了，也便成了路。这就更加告诉我们，即使面临无路可走的艰难处境，也不要轻易放弃，而是要坚信自己只要非常笃定并努力，只要始终坚持绝不动摇，就一定能够守得云开见月明，进入人生中更好的成长和发展阶段。记住，对自己狠一点，有涅槃的勇气和毅力，我们才能真正获得新生！

咬紧牙关，越过人生的坎儿

当你孤独地守过漫长的黑夜，你会迎来光明；当你艰难地熬过了痛不欲生的时刻，你会感受到生命的美好，怀着感恩之心去对待身边的人和事情；当你历经千帆，才能够面对时而巨浪滔天、时而风平浪静的水面……总而言之，人生中的很多境遇从来不是一成不变的，也许此刻是绝境，到了下一刻就会变成生机，也许此刻是逆境，到了下一刻就是顺境。因此，无论如何，我们都要坚持渡过人生此时此刻的艰难。即使再难，也要咬紧牙关越过人生的坎儿，这样才能在等来柳暗花明，才能守得云开见月明，进入人生中崭新的境遇。

在这个世界上，每个人都有自己的烦恼。很多时候，我们看着别人喜笑颜开的样子，误以为别人是没有烦恼的，实际上，别人在我们面前呈现出积极乐观的一面，只是因为别人已经熬过困境，进入人生中更美好的阶段，但是，这绝不能说明他们的人生从来没有烦恼。

一年之中有四季的轮回，很多人都喜欢春天，因为春天是播种的季节；也有人喜欢夏天，因为夏天骄阳似火，是一个热情的季节；还有人特别喜欢秋天，因为秋天硕果累累，是一个丰收的季节。但是，唯独很少有人喜欢冬天，因为人们总觉得冬天天寒地冻，让人瑟瑟发抖，是不那么招人喜欢的。雪莱曾经说过，冬天已经来了，春天还会远吗？的确，当最艰难的时刻到来时，就意味着人生很快会熬过漫长的冬夜，迎来温暖的春光。一年四季有轮回，每一天也有不同的天气。天空不可能总是艳阳高照、万里无云，而有时也会变得阴云密布，或者是暴雨如注。实际上，现实生活中每个人都有自己的烦恼，与其因为烦恼而迷失自己，不如有的放矢地面对人生，全力以赴做好人生该做的事情。也许当努力达到一定的程度，当坚持变得绝不屈从时，人生就会有本质的改变，也会给我们带来更多的惊喜。

每个人都是这个世界上特立独行的生命个体，因而每个人的人生也都是截然不同的。很多时候，我们面对人生感到无奈，或者盲目羡慕他人的成功，其实都不可取。常言道，台上一分钟，台下十年功，不管做什么事情，我们都不可能一蹴而就获得成功，更不可能把每件事情都做得面面俱到、无可挑剔。既然如此，我们就更要端正态度、摆正心态，直面人生中的各种糟糕局面，这样才能让人生有更好的成长和表达，才能让未来变得更加值得期待，值得憧憬。

既然谁都有谁的烦恼，从现在开始，就不要再自怨自怜、抱怨个不停了。我们可以羡慕别人的成功，却不要盲目模仿别人的成功，我们也可以指责别人在哪个地方做得不对、不好，却不要成为那个落井下石的人。所谓唇亡齿寒，在人类社会中，很多事情的连锁反应会波及很多的人和事情，远远不是大多数人所想的那么简单。

很久以前，有两个年轻人从大学毕业后，进入同一家公司工作。也许是因为新人缺乏经验，也许是因为工作上的任务太过繁重，在度过6个月的试用期之后，两个年轻人都很困惑，因为他们虽然在工作上努力付出了很多，却始终都没有得到好的结果。思来想去，他们决定一起去深山老林里向高僧求助。对此，高僧对他们说：“不过一碗饭。”

一个年轻人听到高僧的回答，暗暗想道：“是啊，不过一碗饭，我有什么必要非得在这棵歪脖子树上吊死呢？最不济，我还可以回家种地，不受这个气。”这么想着，回到公司，工作上再遇到不顺利的时候，他就辞掉工作，回到家乡开始布衣农耕。而另一个年轻人在听到高僧的回答之后，暗暗想道：“是啊，就是一碗饭而已，我没有必要这么斤斤计较。其实，工作上承受繁重任务也好，被上司批评也好，只要我自己端正心态，这没什么大不了的。况且，我还可以在此过程中不断成长、提升自己的能力呢！”回到公司，年轻人再也没有因为那些鸡毛蒜皮的小事情与身边的人闹别扭，他一直都很努力地工作，也一直都非常豁达地生活。

10年之后，两个年轻人在繁华的街道上相遇。回到家乡种地的年轻人已经成为新时代的农民，有了3个孩子，生活过得很殷实。而那个留下来宽容面对人生并积极努力拼搏的年轻人，则成为公司的中层管理者，事业有成，而且已经在大城市安家落户。后者看到前者很惊讶：“你怎么还回家种地了呢？”前者说：“师父不是说了吗，不过一碗饭，在哪里还不能赚个肚儿圆呢！”后者笑起来：“哈哈，原来你是这么理解的。我是觉得大家辛苦奔忙都是为了填饱肚子，所以也没有必要那么较真，做好自己该做的事情才是正道。”

因为对师父同样一句话的理解不同，两个年轻人获得了截然不同的成功。如果他们没有得到师傅的开导，而总是与自己较劲、与生活较劲，那么现在的人生一定很让人担忧。曾经有哲学家说过，存在即合理，从这个观点出发，那些出现在我们生命中的一切人和事情，都是合理的存在，我们也根本无须为此感到忧愁和焦虑。在人生的道路上，我们总是会面临形形色色的困难和障碍，任何时候都要牢记——人生没有过不去的坎儿，只要我们足够坚强，始终坚持，我们就可以超越人生的坎儿，获得真正的成功。

当然，有些时候命运也会残酷地考验我们。每当这时，不要悲观，不要绝望，而是要咬紧牙关，把自己对于人生的很多梦想和希望都一一落实。困难像弹簧，在人生的困境面前，我们一定要非常坚定，才能咬紧牙关坚持到最后，才能在人生的道路上获得独属于自己的辉煌和成就。人生，就在一念之间，一念天堂，也一念地狱。心若安然，人生也会自在，这样的人生才是值得我们期待的，才是值得我们为之努力付出和奋力拼搏的。

戒掉恶习，让自己变得更美好

众所周知，一个人要想养成好习惯，至少需要21天的时间。实际上，21天只是好习惯的速成办法，当我们把好习惯变成人生中的潜意识，不需要过度提醒自己就可以理所当然地做出该做的事情时，我们才算是真正地养成了好习惯。和好习惯的养成这么艰难恰恰相反，沾染恶习是很容易的，这是因为好的习惯总是指引人向上，而恶习则常常迎合人趋利避害的本能，符合人贪图安逸舒适的劣根性。为此，好习惯的养成至少需要21天的时间，而沾染恶习却往往在不知不觉之间。

古人云，近朱者赤，近墨者黑，这是因为人们很容易从众，常常会在不知不觉间就受到他人的影响，因而无意识地跟随他人去说一些话，或者做一些事情。正因为如此，在孩子处于青春期的时候，父母要监督孩子不要和那些有不良风气的社会青年交往，从而避免孩子学坏。的确，青春期的孩子很希望得到同龄人的认可，为此从众心理更为明显。如果他们能够和积极向上的伙伴相处，就可以真正地受到好的影响，也督促自己不断地努力上进。

遗憾的是，现实生活中，有很多人都不曾意识到坏习惯对人的影响有多么恶劣。坏习惯不但会阻碍人们进步，也会让人在人生的道路上退步，甚至身败名裂。举个最简单的例子，孩子在学习的过程中如果稍有懈怠，就会导致成绩下滑，对于知识的掌握也没有那么牢固；农民在耕种的季节里，如果稍有懈怠，就会延误播种的时机，导致在收获的季节里颗粒无收。在这个世界上生存，每个人都很艰难，尤其是在时代发展速度如此之快的今天，生活更是如同逆水行舟，不进则退。我们一定要端正心态，慎重对待恶习，更要积极地改掉恶习，这样才能让自己拥有前进的力量，从而在人生的道路上全力以赴，收获美好的结果。

很久以前，有个孩子生性顽劣，不务正业。为教这个孩子学好，无奈的父母只好把孩子送到寺庙里当俗家弟子，跟随师父刻苦修炼。师父对于小徒弟管教得很严厉，而且每天都要求徒弟早睡早起。渐渐地，小徒弟收敛心性，的确变得更认真、更努力。为了让小徒弟将来有朝一日还俗之后能有手艺养活自己，好心的师父还让小徒弟学习理发的技术。但是，寺庙里都是和尚，没有人有头发给小徒弟练习手艺。因为寺庙里经常吃冬瓜，师父灵机一动，决定让小徒弟在冬瓜上练习手艺。小徒弟就这样在冬瓜上开练了。然而，有一天师父在看着小徒弟练习的时候，发现了小徒弟一个很危险的举动。原来，小徒弟在练习进展到一半的时候，因为有人喊他，他居然把刀直接插在冬瓜上，就慌慌忙忙跑走了。

师父赶紧把小徒弟喊回来，指着插着一把刀的冬瓜，一本正经地对小徒弟说："你现在用冬瓜练习，就把刀插在冬瓜上，等到将来你真正给人剃头，也许就会把刀插在人的头上，那后果可就严重了。"小徒弟对于师父所说的话不以为然，虽然看起来在听，实际上却依然我行我素。

几年之后，小徒弟已经能把冬瓜剃得很好了，刀法准确，技艺精湛。他长大了，到了还俗下山的时候。师父千叮咛万嘱咐，让小徒弟下山之后给别人剃头时千万要小心，别把人头当成冬瓜，小徒弟不假思索地答应了。下山之后，小徒弟开了剃头铺，然而，才给第一个客户剃头，就因为插刀的恶习把客户的脑袋开瓢了。小徒弟由此锒铛入狱，再想起师父所说的话，不由得追悔莫及。

习惯的力量简直超乎我们的想象。很多人误以为有坏习惯没关系，稍微留心一下就能改掉坏习惯了。殊不知，坏习惯之所以可怕，是因为它已经渗透进人的潜意识，成为了人的无意识动作。这样一来，人根本无法控制自己，只会在潜意识的驱使下做出很多行为和举动，也给自己惹下麻烦。

朋友，你们是否也有很多恶习呢？如果有，一定要趁着还没有造成糟糕的结果时尽快改掉，否则，等到酿成恶果的时候再后悔，就已经晚了。沾染恶习很容易，但是想要改掉恶习则很难，所以我们应该有意识地提醒自己养成好习惯，尽量避免自己沾染恶习。唯有如此，我们才能不断地提升和完善自己，让自己在人生道路上有更好的表现。

借口从来不属于人生的强者

古往今来，很多人都获得了成功，他们的成功各有各的原因，却也都有共同点，那就是他们从来不为自己找借口。正如人们常说的，成功者只为成功找办法，而不为失败找借口。在人生成长的道路上，尤其是在追逐成功与梦想的过程中，很多人都会陷入各种各样的困境，甚至会遭遇失败的接踵打击，软弱者就此一蹶不振，虽然避开了失败，却也彻底与成功绝缘。而那些有成功潜质的人，总是会在失败的过程中积累经验和教训，也积极地面对失败，让自己不断反思、努力提升，从而踩着失败的阶梯继续前进。

毋庸置疑，人人都渴望成功，但是成功从来不是一蹴而就的，更不是从天而降的。不管有没有天赋，也不管是否有好运气，要想获得成功，就必须非常努力和坚持，才能在成长的道路上不断地进取。不得不说，人是有惰性的，而且有趋利避害的本能。人们在为自己找到借口之后，就轻而易举原谅了自己，于是，在此后的人生中他们还会情不自禁地为自己找借口。渐渐地，他们就不会拼尽全力去努力，而是会在糟糕的结果出现之后，立即找借口，为自己开脱。渐渐地，他们会对人生懈怠，也会在人生的道路上迷失。真正对自己负责任的人，不管做什么事情都有着较真的态度，也总是全力以赴，争取得到最好的结果。即使面对失败，他们也会主动反思自己，总结经验和教训，而不会以轻飘飘的借口结束整件事情。

现实生活中，很多朋友都会感到困惑，因为他们不知道自己为何总是与失败结缘，而其他人则总是有好运气能够得到命运的青睐，也常常轻轻松松就获得成功。不得不说，我们所看到别人的成功只是一种表现，在现实生活中，没有谁的成功是真正一蹴而就或者轻松得来的，他们在成功之前一定付出了长久的努力和坚持，也始终都在不遗余力地努力向前。最重要的在于，他们从来不会为自己开脱，而是努力寻找事情失败的原因，并有的放矢地提升和完善自己。这样的人生，才是更加脚踏实地的，才会一步一步坚持向前。

在工作中，小刘犯了一个很严重的错误，为此他当即向上司解释："张总，我不是故意的，我真的很想把事情做好，可能是因为我最近接连加班太累了，所以才会一时疏忽。"听到小刘的话，张总脸上明显表现出不高兴。张总对小刘说："哦，那你给我这样的一个解释，到底是想得到怎样的结果呢？"小刘说："张总，我上有老，下有小都需要养活，希望您能原谅我，不要扣掉我的奖金。"听到小刘这么说，张总忍不住露出一个不屑一顾的神情，张总毫不客气地说："小刘，公司的制度你是知道的，不要说是你犯错误，就算是我自己犯错误，我也是无法逃避惩罚的，否则其他同事就会感到不公平。”小刘听到张总的话，表现出很失望的样子。之后，张总在例会上公布了对小刘的处罚决定，也要求其他同事都引以为戒。经过这件事情，原本很器重小刘的张总，对小刘的态度有了明显的改变。再有艰巨的工作任务时，张总很少分给小刘去做。

在这个事例中，小刘之所以被张总嫌弃和否定，是因为小刘在犯了错误之后没有第一时间承认错误，也没有主动地承担责任，反而恳求张总不要惩罚他。不得不说，这种为自己辩解的姿态，在犯了错误之后不能勇敢承担的状态，让小刘在张总心目中的形象一落千丈。人在职场，要承担工作，又不能保证自己把每件事情都做得恰到好处，难免会犯各种各样的错误。对于工作，我们一定要端正心态，摆正态度，主动承担责任，这样才能全力以赴地做好自己的工作。若犯错的员工总是不断地推卸责任，不想承担后果，那么领导就会厌恶这样的员工，在有了艰巨的工作任务需要分派的时候，更不会分派给这样的员工。

有压力才会有动力，对于一个不愿意承担责任的人而言，是没有压力的，自然动力也会不足。不管因为任何原因犯下错误，都不要不假思索地为自己辩解和开脱，唯有先主动承担责任、承担后果，我们才能树立自己的坚强形象，才能赢得他人的信任和认可。我们是人，而不是神仙，正所谓人非圣贤，孰能无过，我们只有端正心态面对人生的各种困境，并积极主动地支撑起人生的脊梁，人生才会获得更好的发展，才能拥有更多的收获。借口是最容易找的，几岁的幼儿就会在犯错误的时候为自己找借口，但是他们作为孩子可以被原谅，而我们作为成人则很少能凭着借口为自己开脱。人，要成为大写的人，就要挺直脊梁，越是在艰难的境遇里越是要勇敢面对自己，这样人生才会有大格局。

第5章

不敢冒险的人，永远挣脱不了平庸的牢笼

现代社会竞争非常激烈，这样的激烈绝不仅针对于某一个人，而是针对所有人。要想在这个时代里生存，我们必须要采取积极的态度面对人生，在遭遇人生困厄和挑战的时候，绝不屈服，而是努力勇敢地面对人生，无所畏惧地做好自己。正如一位名人所说的，人最大的敌人是自己，我们必须挣脱内心的束缚，挣脱平庸的牢笼，才能让自己绽放光彩。

旱涝保收的人生，真的好吗

古人云，生于忧患，死于安乐。尽管每个人都在为了拥有更好的生活而坚持不懈地努力，实际上，若你的工作状态太过安稳，若你从来不需要为了明天而努力奋斗，那么你的人生也会进入退休的状态，变得如同一潭死水，毫无涟漪。

如今，有很多年轻的大学生在毕业找工作的时候，无一例外地想要钱多活少离家近的工作，不能出差，不能加班，福利待遇要好。不得不说，这样的工作打着灯笼都难找，如果有，也基本上只适合那些有一定技能的离退休人员二次就业，发挥余热。作为年轻人，我们为何要在应该努力奋斗的年龄段选择安逸呢？人生之中，如果不能利用青春的好时光为自己打拼，那么等到有朝一日青春不再时再想拼搏，难度就会加大很多。舒适的生活就像是一剂毒药，会使人习惯安逸，变得萎靡不振。细心的朋友会发现，自古以来，寒门出贵子，越是那些人生坎坷的人，反而越是能够在与生活博弈的过程中始终保持着坚定不移的信念，始终都在以饱满的力量与生命进行博弈。所以他们斗志昂扬，从来不会轻易放弃。

挪威人喜欢吃活的沙丁鱼，若沙丁鱼死去，便很少有人愿意购买，为此价格就会降低很多。渔民在捕捉到沙丁鱼之后，都想将其活着运送到市场上，卖个好价钱，但是，从海边到市集，要走过漫长的路程，为此，很多渔民的沙丁鱼到达市场之后基本上都已经死了。大家绞尽脑汁，想找到一个给沙丁鱼保鲜的办法，却总是找不到。偶然间，大家发现有一个渔民总是能把沙丁鱼鲜活地运送到市场上，这是为什么呢？很多人都想向这个渔民打听消息，但是这个渔民始终守口如瓶。也为此，他的沙丁鱼卖出了一个好价钱。直到这个渔民去世，人们才从他的后代口中得知其中的奥秘。

原来，这个渔民每次运送沙丁鱼的过程中，都会在水箱里放入几条喜欢吃沙丁鱼的鲇鱼。这样一来，在鲇鱼的进攻下，沙丁鱼不得不保持游动的状态，原本因为缺氧而出现的窒息死亡情况也大大好转。

鲇鱼是食肉动物，喜欢吃鱼，把沙丁鱼的天敌投入水箱中，让沙丁鱼在被运输的过程中始终为了躲避鲇鱼而不停地游动，反而激发了它们的求生能力，让它们能够活着到达市场。心理学家发现这个现象之后，把这种现象称为鲇鱼效应。实际上，就是创造危机，以激发出生命体的求生意志和本能。作为年轻人，尤其是刚刚大学毕业的大学生，我们千万不要奢望找到一份旱涝保收的工作，否则，若在工作的过程中不需要劳心费力，也不要需要努力学习，我们很快就会被这个飞速发展的时代远远甩下。只有努力地挑战自己，让自己承受更加艰巨的人生任务和责任，才能激发生命的力量，创造人生的奇迹。

同时，在安逸的环境里，人很容易被环境同化，因为他们身边都是那些贪图安逸的人。从心理学的角度来说，人的从众心理是很强的，例如，当身边有个人做了什么，其他人也会跟风去做。当身边有人说了什么，其他人也会马上成为流言蜚语的传播者。要想不被安逸的环境腐蚀，我们就应该趁着年轻逼迫自己一把。只有勇敢地打破安逸的环境，只有激发自己的生命潜能和人生斗志，我们才能如同面临鲇鱼的沙丁鱼一样不停地游动，让自己充满活力。

不冒险，是最大的冒险

在美国的商业界流传着一种说法，即不冒险就是最大的冒险。这是为什么呢？不冒险，让人生维持最佳的状态，这不是很好的选择吗？怎么反而变成最大的冒险了呢？实际上，这是由现代社会的现状决定的。在如今这个时代里，万事万物发展的速度都很快，没有人可以保持静止的状态，就像人在地球上即使纹丝不动也会坐地日行万里一样，在时代的推动之下，每个人作为社会的一员，也始终在努力和进取。在这种情况下，一旦停滞下来，看似是在保持老样子，实际上，在飞速发展的时代背景映衬下，已经是在倒退。

在秋季，很多人都喜欢吃螃蟹。然而，如果没有世界上第一个吃螃蟹的人，也许螃蟹至今仍无法变成餐桌上的美味呢！人类历史之所以不断地向前推进和发展，就是因为有那些敢为天下先的人存在。作为普通人，我们也许没有机会去代替整个人类冒险，但是，在人生拼搏的过程中，我们必须有敢于冒险的精神，这样才能不断地尝试，突破和超越自己，并给予生活更多的可能性。

人人都向往成功，然而成功并不是唾手可得的。很多时候，我们还要付出长久的努力，才能依稀看到成功的影子。也有很多时候，我们明明已经坚持了很久，也付出了很多，却始终没有得到成功的青睐，更没有获得收获。有的人就选择了放弃。殊不知，成功往往就在转角处。面对人生的各种困厄，我们必须勇往直前，努力超越困境，并突破自我，如此才能激发自身的力量，坚持下去。如果你的努力还没有收获，如果你的人生还没有契机，不是因为努力没有效果，或者成功与你无缘，而是因为你还需要继续坚持、继续努力，才能有的放矢地面对人生，最终以极大的热情真正奔向成功。

当看到别人的人生那么辉煌时，你一定会感到羡慕。但是你也要知道，没有人的成功是凭空得来的。在每一个成功背后，都有过不为人知的艰难时刻和漫长的付出，人人都只有熬过黑暗，才能迎来黎明。为此，未雨绸缪固然是需要的，可以帮助我们在没有做事情之前对于事情的结果有一定的预知，但是过度未雨绸缪就会变成杞人忧天，就会使得生命呈现出故步自封的状态。所以我们除了要未雨绸缪，还要具有勇敢拼搏的精神，这样才能全力以赴，经营好属于自己的人生，才能让人生绽放出异样的光彩。

迄今为止，老张已经在这家公司工作了10年，可谓是公司的元老。公司最初成立的时候发展速度还是很快的，但是在经历了一段快速成长期之后，就进入平稳期，而老张作为公司的一个区域总监，也过上了安稳的职场生活。这样的日子过久了，老张未免想念起曾经激情燃烧的岁月，眼看着他已经要到不惑之年，如果继续这样耽搁下去，也许最终的命运就是和公司一起老去。然而，眼下所拥有的这一切的确也是很难舍弃的，和公司里新进入的人员相比，老张当然已经到了很高的管理层，而且每年得到的薪水和公司的分红也不算少。到底该怎么办呢?

一个偶然的机会，老张接触到一个很好的项目，特意和老板提出，想要和老板合作开发这个项目，从而让自己从分红者的角色变成合伙人的角色。然而，老板是很保守的，他珍惜自己已经得到的一切，不想再去轻易冒险，也不想为了老张想要创业就承担风险。当然，老板也极力劝说老张打消创业的想法，毕竟创业的道路是没有那么好走的。但是老张不甘心，在妻子的大力支持下，老张终于调整好心态，决定放手一搏。创业的道路比想象中更加艰难，老张非常坚持和努力，才熬过公司成立之初举步维艰的局面，让公司渐渐步入正轨。这个时候，老张也理解了前老板为何不想再创业，但是他并不后悔自己的决定。又是一个风风雨雨的10年过去，老张就像回到了年轻时代，每天都热血澎湃，带着公司里的员工努力拼搏，闯过一个又一个难关。10年后再回头去看，老张俨然比10年前成功多了，也成熟多了。而当初和老张一样在公司的元老，却因为年纪大了，被公司辞退，已经失去了拼搏的机会，面临更大的人生困境。

如果当年不能下定决心舍弃已经拥有的一切，开始新的创业之路，老张就不会有今日的成功。他坚定不移地做自己，也很清楚自己想要怎样的人生，所以才能朝着目标勇敢地前进，才能在奋斗的过程中始终不忘初心，砥砺前行。

人生能有几回搏，此时不搏，更待何时？任何时候，我们都不要对人生感到畏惧，尤其是当机会已经悄然来到眼前的时候，我们更要全力以赴抓住机会，绝不让机会悄然溜走。古往今来，无数的成功人士之所以能够获得成功，就是因为他们勇敢地抓住了各种机会。例如，当年陈胜、吴广起义，就是因为陈胜很有决断，并当即做出实际的行动。有些时候，越是千载难逢的好机会越是容易转瞬即逝，我们不但要思考是否该抓住机会，还要在想好之后当机立断去做，这样才能切实抓住机会。有人说，年轻就是资本，的确，年轻是资本，却不是安逸和退却的资本。作为年轻人，我们一定要有勇于拼搏和冒险的精神，这样才能勇敢无畏、畅行人生的道路。若总是故步自封，做任何事情都把自己禁锢和局限起来，根本不可能获得成功。

时代发展至今，社会已经不再需要那些如同老黄牛一样的人，而是需要更多富有创新意识和能够真正开始创新的人。在人生的道路上，只有勇敢无畏、敢于冒险，我们才能攀登上更高的高峰，才能创造生命的奇迹。

立即行动，才有可能成功

很多人都在探寻人生的捷径，那么成功的捷径到底是什么呢？很多人都说成功没有捷径，那么成功有没有有效率的方法呢？当然是有的。人人都渴望获得成功，都希望自己在成功的道路上能够不断地进取，最终获得胜利。然而，成功从来不会一蹴而就。只有掌握了正确的方法，才可以在实现成功的道路上更有效率，提升速度。从这个意义上来说，要想获得成功，唯一的方法就是立即行动。

很多人在有了伟大的梦想，并确定了人生方向之后，还是迟疑着不愿意当机立断行动。正是在这样的犹豫不决中，他们错失了获得成功的好时机。不得不说，这是很遗憾的。虽然有些人之所以迟疑，是因为未雨绸缪，但是过度未雨绸缪就会变成杞人忧天，就会让很多事情都错过行动的好时机。由此可见，只有梦想还远远不够，只有立即开展行动，才有可能获得成功。

人会感到恐惧，因为恐惧是人的本能之一。尤其是在面对很多未知的事物时，人们更是会感到发自内心的恐惧，因为他们不知道自己接下来面对的将会是什么，也不知道自己在努力之后能够取得怎样的结果。即便如此，也不要困住自己前进的脚步。相比起莽撞行动而失败的人，把自己困住、故步自封的人，是更加失败的。毕竟真正失败的人还可以从实际行动中总结经验和教训，以作为自己再一次尝试的基础，而那些什么也不去做的人，是真正把自己停在原地，相比起这个快速发展的时代，这就是退步。

要想立即展开行动，培养自己行动的决断力和快速度，就要做到以下几点。

首先，要勇敢地尝试新鲜事物，怀着开放的心态接纳这个世界，拥抱这个时代。这是一个发展迅速、瞬息万变的时代，我们只有与时俱进，才能避免被时代的洪流甩下，也只有坚持前行，才能在人生的道路上持续地进取。如果我们进步的速度慢于这个时代，我们就会被时代甩下。在现实生活中，很多人对于新生事物都怀着抵触心理，他们总觉得接触新生事物太难，而且对新生事物有着无法把握的困惑。实际上，人生总是要不断经历才能成长，任何事物在最初出现的时候，都是新生事物。为此，我们要怀着开放的心态去面对这一切，也要勇敢无畏接纳这一切。

其次，对于每一件事情，在真正去做之前，我们固然要思虑周全，但是，一旦想好了之后，我们就要当机立断去做，而不要总是被那些可能出现的糟糕结果吓住。要知道，结果是好还是坏，其实概率是相同的。我们既然想到了有很大的可能性失败，就也应想到会有很大的可能性获得成功。只有积极地激励自己努力进取，我们才能获得均衡的力量。在战国时期，政治家苏秦就是一个想到就当即去做的人。古今中外，因为具有决断力而获得成功的人很多，这是因为他们总是抓住人生中千载难逢的好机会，也是因为他们在人生的道路上一直向前。

最后，不要恐惧失败，也不要恐惧成功。恐惧失败是很容易理解的，因为每个人都不愿意失败，而想要获得成功。而实际上，也有相当一部分人恐惧成功，因为他们恐惧生活中出现太多的改变，也担心自己会对此感到无所适从。失败是成功之母，对每一个拼搏的人而言，既要学会面对失败，也要学会面对成功，这样才能更加坦然地去努力，无所畏惧。

总而言之，不管面对什么事情，我们都要养成当机立断展开行动的好习惯。当然，这不是说无须思考，而是说要在思考决断的基础上马上就去行动，而不要陷入杞人忧天的怪圈。很多事情都不像我们想象的那么糟糕，因为，在做事情的过程中，我们自身在不断地成长，而事情也在被不断地向推进。或者我们的能力得以增强，或者事情的发展使得糟糕的情况不复存在。我们无法在真正去做一件事情之前预想到所有的后果，而只能在真正做事情的过程中随机应变，从容处理好各种突发的情况，并向着远大的目标不断地前进。

第6章

舍不得让自己吃苦的人，注定一辈子受苦

一个人如果总是贪图安逸，舍不得让自己吃苦，就会在年轻的时候过得悠闲，而在青春不再的时刻里，因为人生缺乏基础而变得很被动、很无奈、很受罪。这就应了那句话，舍不得让自己吃苦的人，注定要吃苦受累一辈子。其实，人生正确的顺序应该是先苦后甜，即年轻的时候努力奋斗和拼搏，等到老了就可以安享晚年，享受人生的丰硕果实。而如果本末倒置，把吃苦和享乐的顺序完全弄反了，就会导致人生先甜后苦、晚景堪忧。

披荆斩棘，才能走出人生之路

如果你去爬山，你是喜欢走已经雕琢好的台阶路，还是喜欢走人迹罕至的道路呢？无疑，走台阶路会很省心，因为只要沿着台阶一级又一级拾级而上即可，但是，这样只能看到人工雕琢的风景。如果走人迹罕至的道路，你或者踩着前人留下的模糊脚印前行，或者需要自己重新开辟道路，如此一来，自然要披荆斩棘，甚至要沾满两腿两脚的泥，才能走得更远一些。但是，在这样艰难前行的过程中，你会发现更多的野趣，也会看到其他人从未看过的风景。选择不同的的道路，各有利弊，也各有收获，重点在于我们想要看到什么，得到什么。

人生也是一场未知的旅程，在这场旅程中，你想看到怎样的风景，取决于你想拥有怎样的人生。如果你想拥有与众不同的人生，就要一路披荆斩棘，不走寻常路。如果你不想在人生之中操心，而只想让自己悠然自得，那么你完全可以走别人开拓好的路。甚至也有可能父母已经为你安排好了道路，你只需要按部就班地前行。这样的人生也未免太乏味无趣了。做人，必须要有自己的主见，且要坚持过好自己的人生，才能活出精彩。把自己的人生活成了别人的样子，把未来变得没有任何新鲜感，这样的人生当然是没有意义的。

如今有太多的年轻人对于人生没有自己的规划，他们常常人云亦云，也总是盲目跟风。他们看了《杜拉拉升职记》，就想进入外企，看了其他的影视剧，就马上被演员塑造的角色所吸引，梦想自己成为另一个人。实际上，你所看到的光鲜亮丽，只是别人呈现在外面的样子，在你看不到的背后，他们也曾坚持到无力，也曾感受到身心的双重疲惫，觉得自己就是那只骆驼，只差一根稻草就要被压死。如果你不曾有过这样的状态和努力的付出，你有什么资本去要求自己也得到和别人一样的收获呢?

尽管时代变得越来越浮躁，但是从来没有谁能够随随便便成功。在人生的道路上，我们必须一路披荆斩棘，才能熬过各种艰难，才能最终走到红毯的边缘。不管外部世界多么焦虑不安，我们都要有一颗淡定的心，唯有如此，我们才能以不变来应对人生中的万变。

作为一个没有任何家世和背景的孩子，小小要想在这个城市里留下来，简直难于登天。才大学四年级，班级里很多同学的父母就开始托人找关系，为了孩子将来的工作铺路。但是小小呢，她的家在遥远的山村里，她的父母都是老实巴交、一辈子面朝黄土背朝天的农民。父母能够供养她读完书，已经是很大的不容易，工作的事情她只能靠自己。

其实，这个道理小小从大一刚开始就知道。当同学们刚刚升入大学，每天都逛街、玩游戏、聚会、享受生活的时候，她或者在打工，或者在背诵英语单词。当同学们在为了期中或者期末考试而忧愁焦虑的时候，她却已经通过自学的方式考取第二专业。当同学们在忙着谈恋爱，叫嚣着大学不恋爱后悔一辈子的时候，长相美丽的她默默地拒绝了好几个男生的追求，依然心如止水、全力以赴地学习和进步。这就是她的选择。结果，在大四的时候，当其他同学和父母一起仓皇地寻找工作的时候，她却已经接到好几个大企业的邀请函。她没有觉得自己有多么了不起，选择了一家不那么拔尖的公司，继续自己的拼搏人生。毕业后的3年时间里，她依然过着如同苦行僧一样的生活，因为她知道自己一无所有，只能成功，不能失败。3年的时间，她不但奠定了自己事业上的基础，也被那些对她佩服得五体投地的人称为“拼命三娘”。她不觉得这是一个贬义的称呼，每当有人这么叫她的时候，她都欣然应允。未来的日子里，她还将继续拼搏下去。

事例中，小小的人生就是在披荆斩棘。众所周知，每个孩子出生时所拥有的起点都是不同的，那些运气好的孩子，一出生就含着金汤匙，他们出生就有的高起点，这个高度甚至是很多出身于贫寒人家的孩子穷尽一生也不能达到和实现的。既然如此，又该怎么办呢？穷苦人家的孩子，不能因此就缴械投降、不再努力；富贵人家的孩子，也不能就此宣布自己的人生永远停留在出生的高度。所谓人外有人，天外有天，每个人都是这个世界上独立的生命个体，都有自己与众不同的人生，不要因为总是进行横向比较就扰乱了自己的心，而是要与自己相比，促使自己进步和成长，这才是最重要的。

在生命的历程中，每个人都有自己的烦恼，也有自己的不满意。任何时候，都不要因为对于人生有太多的奢望而扰乱了自己的心，而要更加努力坚持，无畏前行，如此才能在踏遍荆棘之后走出属于自己的人生道路。记住，生命因为你的努力而美好，命运从来不会亏待一个拼命前进的人。当你踏破荆棘，人生也就有了一条只属于你的康庄大道。

吃亏是福，吃亏也是成长

古人云，吃亏是福，现实生活中，有很多人不认可这个道理。谁不想赚便宜，谁又能甘愿吃亏呢？人的本能就是趋利避害，人人都想对于自己更有利，而不想被别人赚便宜，在这样的情况下，很多人都会因为吃亏而让自己抓狂。由此可见，吃亏是福说起来很容易，真正想要做到却很难。

人生要有大格局，有大格局的人心胸开阔，对于很多人和事情也能看得更远。他们不会对于人生斤斤计较，也不会因为一些不值一提的事情就对人生感到失望和无奈。他们始终心怀希望，吃亏之后不是抱怨，而是对自己反思和勉励。正因为如此，他们才能坦然吃亏，才能在吃亏的过程中不断地成长。接受吃亏的人往往有高尚的气度，甘愿吃亏的人往往有开阔的胸怀。吃亏的人生不局限、不计较，而是能够天高地远。当然，现实生活中有很多人都是喜欢占便宜的，就像猴子捡了芝麻丢掉西瓜一样，他们看似占了便宜，实际上却会因此而吃大亏。做人，一定更要目光看远，有大格局，才能真正领悟吃亏是福的道理，才能在吃亏的过程中坚持进步。从另外一个角度看，一个人也许能占便宜一次两次，但是次数多了，未免会被人识破内心。试问，谁愿意和一个总是占便宜的人打交道呢？爱占便宜的人总是人缘不好，而爱吃亏的人则往往会有好人缘，也会得到更多人的欢迎和认可。

所谓得民心者得天下，原本是要劝谏君主要注重挣得民心，把这句话用在现代社会，其实是在告诉我们要更加注重得到他人的心。和那些小小的利益相比，有高尚的品格，并得到他人的认可，这显然是更重要的。诚信是为人处世的根本，对于每个人而言，在与人交往的过程中也要坚持诚信，这样才能奠定做人的根基，才能有的放矢地成就人生。

在一条街道上，甲和乙一个在街头、一个在巷尾，他们都是修鞋匠。因为修鞋的手艺不相上下，为此甲和乙生意都不错。邻居们全都不挑剔，本着就近原则，找距离自家更近的甲或者乙修鞋。为了给顾客更好的服务，甲决定在修好鞋子之后免费给鞋子上鞋油，并把鞋子擦干净。有一天，有个顾客来修理鞋子，并且马上就要穿着鞋子去办理其他事情。这个时候，甲动作娴熟地把鞋子修理好，而且给鞋子抹油，擦得锃亮。顾客很高兴，也很满意，后来把甲免费擦鞋油的事情四处散播。邻居们听说甲还免费擦鞋，全都来找甲修鞋。乙得到消息后不以为然地想："哈哈，他可真是个傻瓜，修鞋也就10块钱到20块钱，擦鞋本来也要花费5块钱呢！这么做，一天要用多少鞋油啊！"为此，乙对于甲的行为不以为然，还觉得甲这么做迟早要破产呢！即使有很多原本找乙修鞋的邻居都找甲修鞋了，乙依旧不为所动，他坚信甲很有可能要破产！

日子一天一天过去，甲的生意越来越好、越来越红火，乙则因为没有改变经营方式而生意越来越差，最终不得不关门大吉。

甲真的很傻吗？原本10元钱的修鞋服务，他还搭配上一个5元钱的擦鞋服务。其实，甲这是有甘于吃亏的精神，也能够把吃亏精神发扬光大，做到心甘情愿吃亏，欢迎大家都来占便宜。人的心理就是喜欢占便宜，而且原本就要修鞋，在不用多花钱的情况下，为何不能让自己得到更多的实惠呢？甲的甘心吃亏，换来了顾客的认可，也收获了好口碑。所以甲的鞋铺生意越来越好，乙的生意则越来越差。心态不同，做生意就会有不同的收获，也会有不同的人生。

在这个世界上，从未有天上掉馅饼的好事，也没有毫无意义的付出。任何时候，我们都要努力付出，要相信付出终有回报。如果总是因为斤斤计较而拒绝付出，且因为在人际相处中总是计较得失而失去好人缘，那么这样的损失是更加惨重的。吃亏是福，每个人在付出的同时可以感受到快乐，也能在付出的过程中让自己有更好的成长和更多的惊喜收获，这岂不是更好吗？明智的人敢于吃亏，善于吃亏，也勇于吃亏。但是他们得到的是内心的平静与祥和，也是人生的幸福与坦然。所以不要把自己局限在不吃亏的思维怪圈中，而要站得高看得远，让自己的人生有更好的成长和发展，也有更加开阔的未来。

心怀开阔，虽败犹荣

在人生之中，很多事情都是在不断发展变化，且会相互转化的。俗话说，三十年河东，三十年河西，就是告诉我们每个人在人生中的位置也会随着物换星移不停地改变。在此过程中，如果自身非常努力，就能改变各种困境，也可以勇敢地到达山顶，看得更远。不要因为一时的得意就扬扬自得，也不要因为一时的失意就总是对自己各种否定和放弃。一时的失败不代表永远的失败，一时的成功也不代表一生的成功。任何时候，我们都要怀有一颗淡定的心，才能无所畏惧地前行。

人的心理是很微妙的。每个人都渴望自己能够成功，到达人生的巅峰，并如愿以偿地获得他人的掌声和赞美。对于很多人而言，一旦陷入困境，遭遇磨难，人生就会陷入各种被动的状态之中无法自拔，也会感到沮丧绝望，甚至心中失去希望，不愿意再为别人鼓掌和喝彩。不得不说，是否为别人鼓掌与喝彩，并不应该取决于我们的心情，而应该取决于别人获得的成就。一个心胸开阔的人，总是能够内心笃定，真诚地认可和赞美别人。有这样的宽容大度，有这样的开阔心胸，我们才能更好地面对他人，才能从容地面对自己。你会发现，真诚赞美他人，甚至比理解和原谅他人更加艰难。但是，既然你不可能永远站在山顶，那么就要学会摆正自己的位置。在登高远眺的时候，看到人生更远处的风景，在跌落山谷的时候，也能够看到清谷幽兰，风景秀美，欣赏绿荫，欣赏小花，也可以积蓄能量，继续奋勇上进。

众所周知，每次到了总统竞选季，有希望竞选成功的候选人总是会发动力量、动员一切资源，全力以赴冲刺，争取获得成功。整个美国只需要一个总统，所以，在经历激烈的竞争之后，只有一个人可以成功当选总统，而其他候选人或者退而求其次担任其他职务，或者因此而恼羞成怒，离开政坛，暂时蛰伏。

有一次，美国总统的竞选结果出来了，布什总统争取到连任的机会，而同时竞选的民主党克里则落选。克里有着开阔的心胸，没有像其他候选人一样对布什心生怨恨，也没有闹情绪。他第一时间就打电话给继续担任总统的布什，非常真诚地祝贺布什竞选成功，也谦虚地承认自己竞选失败。对于克里的表现，布什有着至高的评价。在此后发表演讲的时候，布什特意称赞克里，不但赞誉克里作为民主党总统候选人的代表在竞选之中表现出色，还说克里是一个“令人尊敬的对手”。不得不说，是克里的胸襟，让布什对他油然而生敬佩之心，当然，布什也是一个心怀开阔的人，所以才能发自内心地赞美克里。正是克里和布什彼此的包容与理解，以及英雄之间的惺惺相惜，才使得他们都以体面的形象维持了彼此的尊严，也让美国有了更好的形象。

不可否认的是，克里在竞选失败之后，巨大的希望落空，心里一定是感到很失望和沮丧的。但是在负面的情绪面前，他能够以大局为重，表现出宽容的气度，所以让自己的失败也变得有尊严、更光荣。在人生的道路上，每个人都不可能一帆风顺，而是很有可能会遭遇坎坷和困惑。与其因为无法面对失败而让自己感到沮丧，不如调整好自己的心态，以开阔的心怀接纳一切。这是一个唯物主义的世界，很多事情并不是随着心意改变的，而是无法改变的。我们要接纳不能改变的，改变可以改变的，这样才能让自己在人生中有更美好的表现。

众所周知，哥伦布因为发现新大陆而闻名于世。实际上，哥伦布发现新大陆的过程并不顺利，他几次航行都以失败而告终，即使在获得成功之后，也有人对于他的航行不以为然。有一次，哥伦布的家里宾客满堂，提起哥伦布航海的事情，有的朋友不以为然，认为自己也能做到哥伦布这样。哥伦布对此笑而不语，拿出一个鸡蛋让大家都尝试着把鸡蛋立起来。大家尝试之后都失败了，但是哥伦布把鸡蛋的一头磕破，轻而易举地把鸡蛋立起来了。这个时候，大家说哥伦布是在投机取巧，但是哥伦布坦然地说："打破鸡蛋谁都会，但是在我去做之前，你们都没有想到这么去做。"大家这才意识到哥伦布是在以这样的方式反击他们，为此全都羞愧地低下头，沉默不语。不得不说，这些宾客都是嫉妒心很强的人，面对哥伦布的成功，他们非但没有真诚赞美哥伦布，反而小瞧哥伦布。做人一定要心胸开阔，才能在看到别人成功的时候真诚赞美，才能在此过程中学习别人，让自己也获得成长。

现实生活中，很多失败者只顾着一味地沮丧，根本忘记了对他人的成功表示赞美。一个人能够勇敢地承认自己的错误是强大的表现，而一个人能够在别人获得成功的时候给予真诚赞美，并会有的放矢地向他人学习，这才是更加宽容和勇敢的表现。记住，只有真正内心开朗、心怀宽容的人，才能做到真诚祝贺别人、赞美别人。很多时候，为别人鼓掌也是为自己鼓掌，何乐而不为呢？

善于等待，人生才能开花结果

很多时候，人生都是需要等待的，因为有些事情并不像我们想象的那么简单，更不会像我们所期望的那样去发展和结束。有过等待经历的朋友，都会非常厌恶等待，因为，在等待的过程中，他们往往非常焦灼，内心也很疲惫。实际上，等待是一种能力，也是经营人生的艺术。在生命的历程中，经常需要等待，才能等到人生开花结果。小小的婴儿要等待，才能不断地成长；学生需要等待，才能在寒窗苦读十几年之后考取理想的大学；职场人士需要等待，才能在努力的过程中抓住更好的机会……总而言之，只有等待，才能等到理想的结果，才能等到人生美好的未来。

人生，不可能永远都是喧嚣和热闹的，也不可能永远都是孤独和寂寞的。很多事情都有自身发展的规律，我们必须尊重事物发展的规律，才能学会耐心等待。在小学阶段，我们就曾经学习过《揠苗助长》的故事，也知道，很多事情一旦被打破规律，就会朝着糟糕的方向发展。为此，我们固然要提升做事情的效率，却也要遵循事物发展的规律，这样才能有的放矢地推动事情朝前发展，才能取得更好的结果。

遗憾的是，在人生的道路上，许多人都渴望着能够一蹴而就获得成功，都在希望天上可以掉下来一个大馅饼。然而，一朵花开都需要那么漫长的时间去积蓄力量，你想获得的伟大成功，又怎么可能转瞬之间就得到呢？苹果从开花到结果，需要半年的时间；蝴蝶从虫卵到破茧而出，也需要一个月的时间。古人云，冰冻三尺，非一日之寒；水滴石穿，非一日之功。不管做什么事情，我们都要全力以赴做到更好，更要坚持积累，如此才能由量变引起质变，才能在坚持的过程中迎来最好的结果。

常言道，欲速则不达。若我们因为心急而迫不及待地想要获得一个结果，甚至不择手段地想要马上就获得最好的结果，则最终也许会导致结果变得更加糟糕。在人生中暗淡的时刻里，我们一定要能够耐得住寂寞、守得住清贫，这样才能让人生不断地向前，最终得到良好的结果。

当然，很多人在等待的过程中难免会因为心急而焦虑不安，也会因为抱怨而让自己陷入更加负面的情绪状态中，导致自己失去主动进步的动力，变得消极懈怠、沮丧不安。其实，等待不是守株待兔，只靠着等待是不能获得良好机会的。所谓等待，应该是积极的，在等待的过程中也要一直坚持努力，不断积累，这样才能在等来机会的时候当机立断抓住机会。如果总是在消极的状态之中怨声连连，则非但无法抓住机会，反而会在机会到来的时候也只能眼睁睁看着机会溜走。从这个意义上而言，等待也是在蛰伏。唯有以正确的方式等待，在坚持中不断积累，我们才能在等待中成长，才能在等待的过程中不断地激励自己，获取进步。

人生苦短，我们既要一路高歌奋进，也要学会等待，耐得住寂寞。在等待的过程中，还要韬光养晦，不断地积累，我们才能默默坚守，静静等待。要相信，每个人的人生都有花开的时候，与其在抱怨中迷失自我，被时间抛弃，不如学会等待，学会安静地守护人生，也学会给自己时间和机会绽放。

经历痛苦，才能孕育出璀璨的珍珠

在这个熙熙攘攘的时代里，每个人都想让自己出类拔萃、卓尔不群，这样才能为自己争取到更多的机会，也让自己绽放光彩，得到他人的羡慕。大多数人出生的时候，都是一个普通的小生命，心理学家经过研究发现，除了少数人有独特的天赋或者特别大的不足之外，其他人都是相差无几的。要想在后天的成长中出类拔萃，就必须付出更多，也要坚持做到更好。“不经历风雨，怎能见彩虹，没有人能随随便便成功……”听到这句歌词，每个努力奋斗的人都会有无限的感慨，因为想要得到成功真的很不容易。

很多时候，成功者与失败者之间最大的差别不在于天赋，也不在于后天得到的各种便利条件，而在于他们面对失败的态度。成功者对于失败会怀着积极的态度，把失败当成是人生的垫脚石，而失败者面对失败，则会变得很消极沮丧，甚至会为了避免失败而无所作为，殊不知，这样虽然能避免失败，却也彻底失去了成功的可能性，导致人生陷入困境。此外，即使在坚持的过程中，也需要付出足够的努力，绝不轻易放弃。越是在艰难的时刻里，我们越是要淡然从容、坚持不懈，这样才能坚持笑到最后，成为笑得最美、最好的人。

古往今来，那些成功者也许各自有成功的原因，但是他们绝没有成功的特殊性。在奔向成功的道路上，他们八仙过海，各显神通，却始终都在坚持一点，那就是忍耐。不管是在顺境还是在逆境，他们始终都在忍耐，始终都在坚持进取和前行。哪怕遭遇失败的打击，他们也绝不放弃，而是依然不忘初心。在如今的时代里，各种机会层出不穷，又因为人人都渴望获得成功，为此人们都变得浮躁起来，对于成功更加迫切和焦急。

实际上，成功从来不是一蹴而就的，更不可能随随便便就获得。尤其是在职场上，大学生很多，每个人掌握的知识和能力也相差无几。在这种情况下，仅仅依靠拼学历就想脱颖而出，显然不可能，更需要拼耐力。奔向成功的道路绝不是百米冲刺，仅凭着爆发力就能获胜，而更像是马拉松赛跑，必须非常坚持，绝不放弃，才能在漫长的忍耐之后看到成功的曙光。

公元前496年，吴王阖闾率领大军出兵越国，遭到了越王勾践的顽强抵抗，为此吴王身负重伤，回到吴国之后很快就奄奄一息。在去世之前，他叮嘱儿子夫差一定要为他报仇雪恨，为此，夫差登上王位之后日夜练兵，一心一意想着有朝一日要打败越国。怀着这样的杀父仇恨，夫差在两年后带着精兵强将，打败了勾践。勾践被追杀，原本想要自杀，大臣文种劝勾践说，留得青山在，不怕没柴烧，并且劝说勾践以钱财和美色诱惑吴王夫差，暂时向夫差投降。

吴王果然贪财好色，看到文种带来的财宝和美色，当即决定接受投降。这个时候，吴王的大臣伍子胥表示反对："常言道，斩草不留根，勾践深谋远虑，还有左右臂文种、范蠡辅佐。如果这次放虎归山，一定会留下后患。"这个时候，夫差丝毫不把越国放在眼里，因此接受求和，从越国撤兵，而把勾践带回到吴国。到了吴国，勾践对吴王毕恭毕敬，不但给吴王牵马，还主动提出给老吴王看守坟墓。渐渐地，吴王对勾践放松警惕，居然在几年之后放勾践回到越国。勾践回到越国之后，当即开始加强兵力和国力，他把国家交给文种和范蠡来管理，自己则带着妻子布衣农耕。为了担心自己有朝一日忘记耻辱，他还在吃饭的桌子上方悬挂了一个苦胆，每天吃饭之前都会先舔一舔苦胆再吃饭，以提醒自己一定勿忘前耻。在勾践的以身作则之下，越国百姓全都奋发图强，终于让国力由弱转强。而在此期间，吴国的国力则越来越衰弱。

在公元前482年，夫差为了与晋国争夺诸侯盟主的地位，率兵北上，越王勾践趁着吴国内部空虚，突然袭击吴国，大获成功，并且杀死了太子友。夫差得到消息马上率军返回吴国，并且派人向勾践求和。勾践觉得自己的实力还不足以一举灭掉吴国，便同意了吴王的求和。到了公元前478年，勾践认为时机已经成熟，再次率军灭掉了已经处于强弩之末的吴国，吴王夫差悔恨自己当初没听伍子胥的话灭掉越国，才至于有此大患，为此羞愧后悔地拔剑自刎。

如果当初越王勾践拔剑自刎，而没有入吴国当亡国奴，那么后来就不会卧薪尝胆，更不会有朝一日还能战胜吴国。很多人都喜欢璀璨的珍珠，却不知道珍珠原本是一粒误入蚌壳的砂粒，在河蚌分泌物的不断包围下，砂粒才褪去本来的面目，变成了一颗璀璨夺目的珍珠。在人生之中，很多痛苦也如同砂粒一样出现在我们的生命里，让我们感到非常无奈和困惑。一味地抱怨不能解决问题，只有像河蚌一样坚韧不拔，才能最终解决问题，甚至因为战胜问题而让自己的人生变得更加辉煌璀璨。

宝剑锋从磨砺出，梅花香自苦寒来，任何时候，面对人生的重重磨难和痛苦，我们都要坚持，而不能轻易放弃，且要全力以赴做得更好，如此才能让自己迸发出生命的光彩。记住，人生不会重来，只有不断地努力前进，奋发进取，也只有在遭遇任何困境的时候都始终坚持，绝不放弃，我们才能守得云开见月明，进入人生阶段。

第7章

在这个“比快”的时代，你必须战胜懒惰的自己

在这个瞬息万变的时代里，很多事情都不再像我们所想象的那么慢，如果我们始终停留在自己的节奏里，不愿意跟上时代的脚步，那么就会被时代远远地甩下，也会导致人生陷入被动状态，无法自拔。当然，很多时候我们不是故意慢，而是没有意识到自己很慢，我们要更加深刻地认识这个时代，也要有意识地战胜懒惰的自己。

慢的人抓不住任何机会

现实生活中，总有人如同蜗牛一样，不管做什么事情都慢慢吞吞的，根本无法做到提速。尤其是在制订很多计划之后，他们更是会因为面临各种各样的困难而无限期地把计划搁置和拖延下去。殊不知，很多好机会转瞬即逝，在不同的时机去努力，所取得的结果也会截然不同。既然如此，就不要把事情拖延到最后一刻再去做。

很多时候，我们羡慕他人的成功，觉得他人一定是因为拥有好运气，且有独特的天赋，所以才能轻而易举获得成功。殊不知，我们只看到别人表现出来的轻而易举，实际上别人已经为此付出了很多的努力。我们要透过现象看本质，这样才能洞察事情的真相，才能入木三分地认清楚很多问题。在执行计划的过程中，我们还要更加迅速。未雨绸缪固然是要的，可以帮助我们在事情发生之前就做好心理准备，但是凡事皆有度，过度犹不及，如果太过未雨绸缪，就会变成杞人忧天，就会让我们在开始行动之前面临更多的困惑。

有人说，人生转瞬即逝；有人说，人生很漫长。不管是转瞬即逝的人生还是漫长的人生，生命的时光都是非常宝贵的。正如奥斯特洛夫斯基所说的，人，最宝贵的是生命，对于每个人而言，生命都只有一次机会。我们一定要牢牢把握生命的机会，珍惜生命的光阴，如此才能让人生更加效率倍增地绽放，做好更多的事情。记住，人生经不起等待。我们总是会等待，也会在等待久了之后无形中沾染拖延的恶习。实际上，只是热衷于做计划是远远不够的，我们还要当机立断、全力以赴地把计划付诸实践，这才是重要的。

在求职市场上，一个刚刚开始负责招聘的人，也许会被求职者说得比唱得还好听的各种言辞迷惑住，而实际上，把话说得好听并不是最重要的，更重要的是，我们必须真正去做，才能把各种事情都做好，才能把耽搁于纸面上的计划落实到实处，把伟大的梦想不断向着现实推进。那些经验丰富的招聘者，不会因为求职者侃侃而谈就对求职者有过高的看法，相反，他们会更加认真细致地观察求职者的实际表现，也会提出一些切实可行的办法去要求求职者解答，从而更加深入地了解求职者。常言道，有志者立志长，无志者常立志。只善于制订计划，或者只是善于诉说自己的宏伟志向是远远不够的，还要有执行力，能够在认真思考之后快速地推进计划，让计划得以执行，这样才能珍惜宝贵的时间，让梦想照进现实。

薇薇毕业于名牌大学，早在毕业之初，她就很懊悔自己在大学里没有认真学习，于是，她决定在毕业之后几年的时间里做到勤奋和努力，不断地提升自己的学识水平，增强自己的工作能力。为此，她在等着聘用通知到达的时间里，根据单位的作息时间，为自己制订了学习和提升的计划。例如，每天晚上看一个小时的书，每个周末参加培训班等。上班第一天，薇薇感到很累，回到家里只想躺在沙发上看电视，根本不想看书。为此，她对着那一摞已经买到家里的书自我安慰："好吧，也没什么关系，我可以明天看书，今天是第一天上班，休息一下，就当是给自己的奖励吧！"就这样，薇薇躺在沙发上看着电视，不知不觉就睡着了。

第二天，部门同事为新来的人举行了欢迎仪式，部门主管还自掏腰包请大家吃饭。薇薇和新同事相处很愉快，而且很兴奋，直到晚上十点多才回家。回到家里，她根本没有心思看书，只想让自己好好睡一觉。接下来的很多日子里，薇薇都有事情耽搁时间，或是因为疲惫不想再费心劳神地看书。渐渐地，她买来的那一摞书上都落满了灰尘。薇薇呢，每天都过得很嗨，完全把自己的计划抛之脑后。偶尔想起计划的时候，她会感到一丝丝遗憾，但是她安慰自己：和同事搞好关系很重要，有利于工作的展开。

和薇薇一起进入公司的若若，则在进入公司之后就开始很努力地学习。若若和薇薇的关系比较好，她总是对薇薇说：

“走出校园，不是停止学习，而是要加大力度用碎片时间学习，否则根本跟不上时代的发展。”看着若若每天过着比在大学里更加自律的生活，薇薇简直为若若抱不平。3年的时间过去，若若不但过了英语八级，还参加了商务英语培训班，如今一口流利的英语。有一次，老总要和外宾洽谈，但是临时找不到合适的人作为翻译，急得都要火上房了。这个时候，若若主动请缨：“我来吧！”看着当初以前台文秘职位应聘进入公司的若若，老总很惊讶，带着难以置信的神情。若若笑着拿起公司产品的说明书，流畅地开始进行产品介绍。老总说：“若若，你简直太厉害了，我拿着说明书找了好几个翻译公司，都没有翻译能流畅读出来。你是不是提前读了？”若若又拿出一本平日里学习用的书，随便翻开一页开始读。老总情不自禁地对若若竖起大拇指。可想而知，在成功完成这次任务之后，若若成为了老总的助理。

薇薇和若若一起进入公司，若若只是前台文秘，而薇薇的起点比若若更高。但是，3年的时间过去，及时开始执行学习计划的若若取得了华丽蜕变，而始终都在沉迷在吃喝玩乐中的薇薇，只是在同事们面前混了个脸熟，并没有获得更大的成长。

光阴易逝，任何时候，都不要白白浪费生命的时光。人生短暂，时间在一分一秒地减少，正如大文豪鲁迅先生所说的，浪费别人的时间就等于谋财害命。那么浪费自己的时间呢？就算不是自杀，也会导致生命光阴流逝，一去不返。尤其是对于年轻人而言，要想在人生之中有所成就，要想在成长的历程中不断地充实自己，就一定要努力向前，无所畏惧，也要珍惜时间，这样才能让生命的效率最大化。

现实生活中，慢的人很多，也正因如此，若我们成为快的人，若我们能迅速且有决断地做好很多事情，就可以在点滴积累中越来越领先于他人。抢先一步，总会给我们带来更多的机会，也留给我们更多的时间去做各种各样的事情。当人生有了回旋的余地，当未来变得每秒可期，我们就会主动激发自身的力量，全力以赴成就充实精彩的人生！

当即执行，胜过任何梦想

梦想不管多么伟大，如果始终都不能付诸实践，那么就会变成毫无意义的空想，对于人生根本没有任何指导和促进的作用。要想拥有梦想照耀着的人生，我们除了要树立梦想之外，还要有当机立断展开行动、在梦想的引导下不断努力进取的精神。否则，梦想只会随风飘散，了无痕迹。尤其是在职场上，很多年轻人都好高骛远，为自己制订过于远大的目标，而在真正执行目标的时候，又因为前怕狼后怕虎，或者因为害怕梦想会落空，或者因为自身原本就有很大的惰性，喜欢拖延，而把梦想无限延期下去。不得不说，若梦想无限拖延，非但无法给予人生强大的助力，而且会导致人的精神变得懈怠，离梦想也越来越远。

当即执行，比任何梦想都更加重要。这是因为，只有把梦想切实推进，也只有在不断成就梦想的过程检验自身的能力，才能够发现自身的不足，有的放矢地提升和完善自己。而且，事情的发展有两个方向：一个是变坏，一个是变好。我们之所以要先设想到事情糟糕的一面，是为了做好最坏的准备。但是，我们不要因为最坏的结果有可能发生就故步自封，什么都不敢去做。做好最坏的打算，朝着最好的方向去努力，这才是做事情该有的态度。

在想好了之后，一定要马上去做。否则，错过了最佳的时机，不但会错失机会，还会因为拖延而导致自己变得怯懦，无法把每一件事情做好。不管是面对生活，还是面对职场，我们都要当机立断做到更好，这样才能抓住契机，激发自身的力量，才能拼尽全力，做得圆满。在如今的职场上，有很多人都很懒惰懈怠，他们明明有很多工作需要去做，就是不想展开行动。他们明明可以赶在最终时间到来之前把很多事情做好，但他们就是不愿意抢先，而总是在拖延过程中不知不觉就滞后了，甚至失去了前进的动力。朋友们，要想成功，要想让人生变得充实且生机勃勃，现在就开始启动执行力吧！唯有如此，你才能全力以赴做到更好，才能有的放矢地面对人生，使人生活出更加精彩的状态。

依云大学毕业后，运气特别好，才面试了几家公司，就成为其中一家公司的总经理助理。这可能与依云从小爱跳舞，不但长得漂亮，而且身材苗条，气质也很好，有很大关系。但是，若云也有一个很大的缺点，那就是她特别爱拖延，不管做什么事情，总是推三阻四，明明当下就可以做好的事情，非要无限拖延到未来，到了非做不可的时候再去完成。父母提醒依云："依云啊，现在参加工作就成了大人了，做事情千万不要再拖延。而且你是为总经理服务的，如果一旦拖延，让总经理不高兴，总经理说不定不想用你了，那就糟糕了！"依云不以为然："放心吧，我还是知道事情轻重的。"

就这样，依云开始工作。平日里，依云的工作表现还不错，也没有那么紧急的任务需要她完成，为此依云心中紧绷着的那根弦开始松懈，她做事情越来越磨蹭，也越来越拖延。有次老总要去美国出差，也要带着依云一起去，还让依云负责准备好与客户洽谈的资料。依云满口答应，但是一想到下周还早着呢，她又犯了拖延的毛病。一天、两天、三天过去，依云始终没有开始准备资料。没想到，第4天一大早，老总给依云打电话：“计划有变，要提前去美国。带着行李来公司，10点出发去机场，把你的资料都带上。”依云如同遭遇晴天霹雳，她可是一个字的资料都没收集呢！依云只好等着飞机上整理，但是当她忐忑不安地上了飞机，领导就说：“把资料给我，我先来熟悉一下！”依云张着嘴巴半天合不拢，不知道该说什么，最后才结结巴巴地说：“我，我，我……我还没有开始准备。我会很快，今晚通宵，保证不耽误您用！”老总的脸色瞬间晴转阴，他毫不客气对依云说：“一会儿我们转机的时候，你下飞机，飞回去，办理离职手续！”依云赶紧为自己解释，但是不管她怎么说，老总都不愿意听。依云就这样失去了工作，郁闷极了。

其实，依云不仅是忘记这么简单，作为一名职场新人，如果她始终都把工作的事情放在心上，也真心地想把工作做好，那么在得知要陪着老总去美国出差的那一刻就会欢欣雀跃，并且会当即开始准备出差所用的资料，以便能够给老总留下一个好印象。遗憾的是，依云没有这么做，因为一贯的懈怠和拖延，她失去了这个人人羡慕的好工作，相信这件事情一定会给她留下深刻的印象。

既然哭着也是一天，笑着也是一天，我们为何不笑着度过人生的每一天呢？既然拖延也是一生，迅速也是一生，我们为何不迅速做好人生中的每一件事情，让人生提升效率、绚烂绽放呢？不管一个人对于人生有着多么伟大的梦想，有着多么远大的志向，要想实现这一切，必不可少的成本就是时间。从此时此刻开始，我们就要启动执行力，把人生中的很多事情做得更快更好！

成功往往始于小事情

古人云，一屋不扫，何以扫天下？这句话告诉我们，任何人要想做成大事情，必须从小事情开始做起，若总是不愿意做小事情，或者不屑于做，而大事情又做不好，那么人生就会陷入困顿状态，止步不前，没有任何进步。也许有些朋友会说，只做那些小事情，对于我们的成长没有任何好处。其实不然。每一件大事情，都是由于小事情组合起来的。换而言之，如果连小事情都做不好，那么是根本无法做好大事情的。载人宇宙飞船之所以能飞上天空，不是因为它是一体成型的，也不是因为它被人当作大事去做。它是由无数的小部件和小零件组成的，而且每一个负责生产零件的人都很认真细致，把小事情当成大事情去认真对待，所以宇宙飞船才能建造好，才能以过硬的质量飞上太空。

在人生之中，我们一定要端正心态，不要犯眼高手低的错误。很多年轻人都会眼高手低，他们觉得自己的能力很强，志向远大，为此只想一蹴而就获得成功，或者只想一步登天，省去了努力和奔跑的过程。殊不知，没有任何人可以安享现成的人生。任何人想要在人生之中有所收获，就必须努力进取，坚持不懈，唯有如此，才能不断地积累，由量变引起质变，才能让自己在人生之中获得腾飞的机会。

如今，有很多人都喜欢日本的产品，因为日本的产品做工精细，而且品质优良。例如东芝、松下等，都是日本知名品牌。然而，日本品牌能够走出日本、走向世界，并不是轻松就实现的，这些企业在发展的过程中也常常遭遇危机，也需要坚持下去，才能渡过难关。

1952年，日本的东芝电器积压了大量电风扇，这些电风扇占用了公司的资金，导致公司周转困难，面临资金链即将断裂的危险。为此，东芝电器的7万多名员工都想方设法地拓展销路，推销电风扇，但是取得的效果很差。正在公司的生存面临困境的关键时刻，有个普通员工发现了一个别人都没有注意到的细节。原来，当时各家电器公司生产的电风扇都是黑色的，为此这个员工灵机一动提出："为何不把电风扇的颜色变成浅色呢？随便什么颜色都好。"这个建议一经提出，就受到领导的重视。上层领导在紧急召开会议进行商讨之后，决定投入第一批电风扇进行实验，把电风扇变成浅蓝色。让所有人都难以置信的是，浅蓝色的电风扇投放市场之后反响特别好，引发了抢购的热潮。在很短时间内，他们就把积压的产品销售一空，而且，因浅色电风扇供不应求，工厂还得加班加点地赶工。如今，电风扇的颜色很多，款式也很多，因为人们越来越关注细节。

以前，人们在购买产品的时候更注重产品的性能，如今，因为产品的功能基本都能满足人们的需求，所以更多的人在购买产品的时候开始关注产品的款式、颜色、性价比等因素。因此，产品不再像以前那么单一，而是变得越来越丰富，可供人们选择的空间也越来越大。在上述事例中，原本滞销的电风扇，只是因为改变了颜色，就马上变成了畅销品，不得不说，这样对于细节的用心，对于销售的促进作用是很大的。实际上，改变电风扇的颜色并不是一个技术活儿，最重要的是，想到这个细节，就可以做到。

很多时候，人们的思维会被固有的经验限制和禁锢住，如在东芝改变电风扇的颜色之前，所有人，包括生产者和消费者在内，就认为电风扇的颜色理所当然应该是黑色的。如果没有人打破这个传统，也许在很长时间内电风扇依然是黑色的，而不像今天这样五颜六色、非常漂亮。约定俗成的力量是很强大的，它最可怕之处在于使人们无法意识到自己的故步自封和墨守成规。就像一个人要想改正错误，必须先知道自己到底哪里做错了一样，人想要推陈出新，不断创新，就要意识到哪些地方是闭塞的，是需要不断突破和创新的。由此可见，打破思维的墙很重要，只有形成创新意识，具备创新精神，我们才能在成长的道路上关注那些小细节，并全力以赴地把细节做好，从而让自己越来越接近于成功。

任何时候，都要把小事看在眼里，只有做好每一件小事情，才能积跬步以致千里，才能积小流以成江海。尤其是很多小事情之中还隐含着契机，隐藏着机会，对此，我们更要透过现象看本质，如此才能积极地把握机会。一屋不扫，何以扫天下！只有更加关注和做好细节，我们才能获得更多的机会，才能更加接近成功。

再多空想，也不如努力迈步

成功的道路即使再漫长和艰难，我们也要从第一步开始走，也要全力以赴地做好自己该做的一些小事情，如此才能不断地积累，获得长足的进步。若我们把伟大的梦想始终耽搁，从来不去推动梦想变成现实，梦想就会变成空想，也会变得毫无意义。

自古以来，那些伟大的成功人士之所以能获得成功，不是因为他们有着过人的天赋，不是因为他们有着特别的好运气，而是因为他们敢想敢干。一旦确定了自己的梦想，他们就会勇敢无畏地前行，即使面临艰难坎坷，也绝不轻易放弃。这就是敢想敢干的魅力。敢于去想，才能打破思维的墙壁，敢于去做，才能切实推动事情向前发展，才有可能获得好的结果。在现代社会，很多人都面临着巨大的生存压力，他们总是想要逃避，也对生活充满抱怨。他们晚上睡觉的时候会有千万种想法，希望能够马上改变自己的命运，而等到早晨醒来的时候，却又因为惰性而陷入迷惘的状态，导致无所作为。不得不说，若是人陷入这样的负面循环，那么，即使再努力，也无法获得进步和成功。更多的时候，我们必须全力以赴去拼搏，这样才能在努力奋进的过程中积累更多，认识更深刻。有人说，人生是一场旅程，这场旅程或者短暂，或者漫长，但谁都不知道最终的目的地会在哪里。只有全力以赴，开足马力，向着人生的目的地全速前进，才能让自己节省宝贵的生命时光，做好该做的事情，提升人生的效率。

当然，敢想敢做缺一不可，只敢想，而不去做，就只能停留在空想阶段。而只有在敢想之后，全力以赴去做，才能真正推动梦想变成现实，才能让自己有机会创造和把握更多的可能性。其实，人生中是有很多困境和陷阱的，如果一味地停留在原地，不能勇往直前，就会被那些阻力挡住，无法向前。尤其是那些胆小怯懦者，更是会无形中把自己禁锢住。其实，不是因为他们能力太差，而是因为他们在有了积极的想法之后不敢去行动，为此，只能让自己陷入被动状态，甚至被困死。

在现实生活中，有太多人未雨绸缪过度，变成了杞人忧天。他们明明从很早的时候就开始筹划一件事情，却因为迟疑不决、缺乏勇气，而始终都在原地徘徊，无法下定决心真正去做。他们穷尽一生都在抱怨，而没有给予自己任何可行的计划，更没有为自己争取到任何成功的可能性。和这样的人相比，那些有勇有谋也敢于行动的人，都有了收获。当然，真正去做，未必能够成功，但是即使失败也可以获得更多的经验，为自己未来再次尝试奠定基础，这是很重要的。与那些没有勇气的人相比，还有一种人有莫大的勇气，对于一件事情，即使他们并没有十足的把握做好，也会努力去做，无所畏惧。当然，这样的“莽撞”也许会加大他们失败的可能，但是如果什么都不做，结果会比失败更糟糕。为此我们说，当面对各种千载难逢的好机会时，我们宁愿失败，也不要故步自封，止步不前。

人生是需要尝试的。在历史上，哥伦布之所以能发现新大陆，是因为他几次三番冒着生命危险去航行、去探索。在很久以前，人们根本不敢吃番茄，而误以为番茄有着鲜艳的颜色，必定有剧毒。直到第一个人冒着生命危险品尝了西红柿，发现西红柿不但没有毒，反而有着鲜美的味道，至此，西红柿才成为人们餐桌上的美味。由此可见，很多事情，我们必须亲自去做，才能真正领略其中的奥秘，只靠着猜测和揣度，是根本不可能获得成功的。

在这个世界上，如果说有绝对的公平，那就是时间对人的公平。对于每个人来说，时间都一视同仁，始终在嘀嘀嗒嗒地向前流淌，不因为任何人而驻足。在时间流淌的过程中，做事情的好时机也不复存在，人的青春也一去不返。我们一定要非常努力和进取，才能在关键时刻把握住机会，才能在人生需要拼搏的时候毫不迟疑。为了珍惜时间、珍惜生命，我们一定要戒掉始终沉浸于空想的坏习惯，当机立断展开行动，只有切实迈出了第一步，我们才算真正走向了成功的道路。

第8章

你的努力，才是可以改变自己的力量

没有人可以不努力就舒服惬意地生存在这个世界上，这是因为生活从来不太平，命运会以各种残酷的方式与我们开玩笑。既然如此，我们就只能笑着面对生活，积极地寻找办法应对，这样才能努力改变自己，成功地掌控命运。

挺住还是放弃，这是你的选择

当面对人生困厄的时候，你是选择挺住，还是选择放弃？你的选择不同，也就决定了你不同的人生。对于到底该做出怎样地的选择，也许你身边的人会热心地给你出主意，甚至父母会直截了当地告诉你怎么做，但是你必须明白的一点是，人生是你的，你是你自己的主宰，你是你自己的神。为此，你固然可以从谏如流，但你也要忠诚于自己的心。只有在理性思考、确定自己到底要怎么做的时候，你才可以勇敢无畏地做出选择，也做好为自己的人生负责任的准备。

很多人都误解了努力奋斗的意思，觉得所谓奋斗就一定要轰轰烈烈，就一定要惊天动地。其实不然。对于大多数普通人而言，奋斗更多的是坚持做好自己该做的事情，从点点滴滴中努力和积累，并全力以赴做最好的自己。奋斗是不抱怨不懈怠，积极地面对人生；是不畏缩不逃避，勇敢无畏地畅行人生。奋斗对于人生有着深远的影响和重大的意义，但是很多人对于奋斗的理解未必正确。尤其是在面对人生中的艰难困境时，是坚持还是放弃，这是每一个人都要认真思考、理性做出选择的。当然，不管你选择挺住还是放弃，你都要承担相应的后果和责任，绝不要逃避。

在现实生活中，有太多的人都热衷于抱怨，他们对于现状不满意，却又不能下定决心去做更好的自己。正是因为如此，他们才会陷入进退两难的困境中，退不甘心，进做不到。不得不说，这样的状态真的让人觉得很难受，也会使人三心二意地做事情，无法专心致志、全神贯注。对于人生而言，不管通往哪个方向都没关系，最重要的是要有明确的方向，面对困境时不要总是手足无措，而要有一颗笃定的心，要坚定不移地做好自己，从而在人生的道路上不断地努力前进。

这已经是他第3次考研。大学毕业那一年，他就拼尽全力想要一举成功，然而造化弄人，尽管他非常努力，不遗余力，却以一分之差与理想的研究生专业失之交臂。此后的一年时间里，尽管他已经从大学毕业，却没有找工作，而是继续全心全意考研。这一次，他反而距离分数线相差更多。眼看着一整年的时间里都赋闲在家，他决定先找工作，然后一边工作一边考研。他在工作一年之后，第3次考研。这次能否成功呢？他有些忐忑。原本的信心满满，都被现实打击殆尽，这一次他很担心自己再次落榜。因为心理压力太大，也因为工作还不错，他甚至产生了退缩心理，不止一次对父母说："要不我就不考了吧，反正现在的工作也挺好的。"爸爸很了解他，知道他是因为接连两次打击怯了，因而对他说："你当然可以选择放弃，但是不要因为害怕而放弃。我和你妈妈都是全力支持你的，我们也相信凭着你的能力，你一定能考上研究生。当然，归根结底这是你的权利，毕竟你这次是有很大可能成功的。"

在爸爸的鼓励下，他又犹豫了。思来想去，他下定决心："如果我这次能考上，我就去读研。如果我这次还是考不上，我已经尝试3次了，也无怨无悔。"爸爸看着他的眼睛，点点头。结果出来，他如愿以偿地考上理想的学校和理想的专业，赶紧兴致勃勃地回家告诉父母这个好消息。爸爸语重心长对他说："看看吧，如果当初不坚持，就只差一步了。"他也很后怕："幸亏我当时没有放弃！"此后的人生中，他再也没有轻易放弃，而是始终都在坚持。

古人云，五十步笑百步，这句话的意思是，在战场上，逃跑五十步的人笑话逃跑一百步的人，说跑一百步的人跑得太快、太胆小。其实，不管是逃出去一步，还是逃出去一百步，性质和结果都是相同的。有些人只是面对着敌人转过身，把自己的后背出卖给敌人，还没有真正逃跑呢，就已经被敌人杀死。由此可见，在不能逃避的时候，与其逃跑、出卖自己，还不如誓死抵抗，这样反而会有成功的机会。

现实生活中，有很多年轻人都对于现状不满，因而怨声连连，觉得自己的内心非常委屈和无奈。实际上，这样的状态根本无法改变人生，更不可能扭转命运。世界以痛吻我，我却报之以歌。任何时候，我们都要全力以赴地经营好人生，并要不遗余力地掌控命运，这样才能在人生的道路上坚定不移地前行。

如果你对自己的现状不满意，不要悲伤，不要抱怨，而应鼓起勇气，全力以赴地去面对生活。只要你足够坚持，只要你每天都进步一点点，你就能去到自己想去的地方。记住，人生没有回头路可以走，除了一味地向前，我们还能做什么呢？挺住，就能超越人生的困境，挺住，就会在人生之中有更丰厚的收获。

你把时间花在哪里，哪里就会开花

时间就像是一粒种子，你把时间种在人生的哪里，人生的哪里就会开花。很多时候，我们把时间种在某一个人生的阶段，却忘记了自己曾经播种，而有朝一日，这粒种子经过不断地孕育，居然绚烂绽放，开花结果，给你带来意外的惊喜。正如人们常说的，所有的努力都会开花，实际上，努力就是花费时间，你把时间花在哪里，就是在哪里努力，哪里就会开花，这一点是毋庸置疑的。

伟大的诗人李白在诗中写道：天生我材必有用，千金散尽还复来，而面对人生，我们也应该有这样的热情和豪气，如此才能点燃生命的烈焰，让自己在生命的历程中熊熊燃烧。实际上，在很多人眼中，那些看似没有用的努力，会给我们带来很多的好运气。不要吝惜付出自己的力气，而是要更加拼搏前行，挤出时间来坚持做很多事情，这样才能让人生绽放。既然时间总是要流淌，与其让时间白白地消耗掉，不如把时间用来做有意义的事情。努力，就是人生中最大的时间投资，也是回报率最高的。即使你一贫如洗，身无分文，你也可以很努力，从而积极地改变自己的人生状态。有的时候，当一个人拥有太多时，反而会陷入各种困顿之中无法自拔。从这个特殊的角度来看，失去很多，没有一切，反而可以光脚前行，无所畏惧，也可以在努力的时候不用担心那么多，让自己破釜沉舟，无所畏惧。

小鹏从小在农村长大，因为爸爸妈妈都在外面打工，爷爷奶奶也没有那么多的精力管教他，所以他每天除了上学，就是在山上玩。他和其他孩子喜欢在山上摘野果、抓野兔等不同，他最喜欢看山上的石头。每次上山，他都会捡来一堆石头。这些石头质地不同、色彩各异，有的显得很光滑，有的则显得很粗糙。他喜欢各种各样的石头，一有空闲就上山捡石头，渐渐地把家里的院子都堆出一座小山来。有一次，爷爷嫌弃各种石头实在太占空间，看着也碍眼，把他的石头都扔掉了。他很伤心，还因此很长时间都不理睬爷爷。后来，他又用了很久捡回来很多石头。为了研究这些石头，他刻苦钻研石头的质地和形状，但是，因为缺乏研究的器械，他走了很多弯路，却很少有进展。在这个过程中，有人嘲笑他，说他的研究根本没有任何作用，反而是不务正业。对于他人的说法，他总是淡然一笑："没关系，这就是我的爱好，不用那么急功近利。喜欢就好。"后来，他高中毕业没有考上大学，就去建筑工地上打工。有了一些属于自己支配的钱之后，他就开始购买工具书，也会花费很多的钱买设备研究石头。尽管父母对此有很大的意见，觉得他都把钱浪费了，但是他还是一如既往，丝毫没有减少对石头的喜爱。

转眼之间，很多年过去了，他依然那么不同寻常。一个偶然的机会，他去缅甸旅游，看到很多人正围绕着一块石头在下赌注。他在此之前从不知道石头还可以这么玩，并一眼就看出这块石头非常有价值，所以，他毫不迟疑地拿出自己所有的积蓄，买下了这块石头。果然，这块石头是璞玉，价值不菲。此后，他越来越喜欢赌石，也觉得自己对石头这么多年的潜心研究终于可以派上用场，为此他更加喜欢钻研石头，也从赌石开始，变得越来越富裕。后来，他还考取了资格证书，成为了鉴赏界的超级大师。

在别人看来，他研究石头一点儿用处都没有，还要花费很多的钱去买各种各样的书籍、器材和设备。但是，他就是凭着爱好坚持，把很多休闲的时间都用于研究石头，也节省出很多钱花费到石头上。所谓功夫不负有心，他在历经大半生之后，在缅甸遇到了赌石，自己的一生所学终于有了用武之地。

在这个世界上，尺有所短，寸有所长。不管何时，我们都要全力以赴做好自己该做的事情，如此才能不断地积累，让自己从量变到质变，也让自己变得与众不同。只有真正努力的人，才会专心致志地做事情，才会对于人生有更加深刻的理解和感悟。如果总是在人生中茫无头绪，没有条理，那么就会导致人生效率低下。人生是需要规划的，只有做好人生的计划，并按部就班做好该做的事情，我们才能腾出更多的时间来应付人生中的各种意外惊喜和惊吓。当然，不管想要拥有怎样的人生，我们都要先强大自己，这才是最重要的。只有足够强大，成为真正的人生强者，我们才能畅行人生道路。

你的认真，让世界颤动

在2018年双十一的晚会上，阿里集团邀请了几个特殊的人物，他们之中有在最高海拔开菜鸟驿站的人，也有坚持送快递的普通快递员。在淘宝的双十一盛会上，阿里集团为何会邀请这些普通的人呢？因为他们都很认真，都很努力，都很坚持。你的认真，会让世界如临大敌。在现实生活中，总有些事情会让我们感到害怕，也总有些事情会让我们觉得无奈，但是无论如何，我们都不是败给这些外部的人和事情，而是败给了我们内心的恐惧。正如一位心理学家所说的，恐惧本身才是最可怕的。如果我们能够战胜内心的恐惧，对于人生有着非常认真的态度，世界就会因为我们而颤动，我们也会获得更多的收获和成果，让自己的人生有更美好的未来。

认真的人，让整个世界都如临大敌，只有不断地努力进取，获得成功的路径，我们才会更加有效率地完成生命中的很多事情。遗憾的是，现实生活中总有些人小事看不上，大事做不来，为此他们在人生之中常常迷失自我，导致不知道应该如何实现梦想，也不知道应该如何努力去做。这样的人生，当然是会让我们迷失的，也常常会让我们事倍功半，人生发展艰难。常言道，一个人难的不是做一件好事，而是始终都在坚持做好事情。的确，哪怕是再小的事情，只要坚持去做，持之以恒，日久天长，也会起到很大的作用，收到显著的效果。为此，我们一定要足够认真，这样才能激发自身的无穷能量，才能让自己勇往直前、无所畏惧，畅行人生的道路!

晓东是一个特别认真的人，对于自己决定去做的事情，不管多么辛苦，他都会认真做好，也会全力以赴去完成。大学毕业后，晓东没有和其他同学一起去找工作，而是决定开一家淘宝店铺，经营家乡的土特产。他的这个想法遭到了爸爸妈妈的强烈反对，妈妈甚至质疑晓东：“你大学上完却要开小店，那学不是白上了吗？”晓东耐心地向妈妈解释：“妈妈，我没有白上大学啊！我很喜欢上学，也很喜欢读书，在大学期间，我学会了很多东西，也掌握了很多的知识和技能。我现在开小店，和我没上大学开小店肯定不一样！”晓东很有主见，最终顶住了爸爸妈妈的重重压力，还是把淘宝店铺开起来了。

一开始，淘宝店铺生意惨淡，几乎无人问津，晓东就每天都在网络上进行推广。后来，晓东的生意越来越好，他渐渐忙碌起来。有的时候，一天的发货量太大，晓东还会让妈妈帮忙，并且允诺会给妈妈支付工资。为了找到最好的货源，晓东雇用了一个网络客服，这样自己就可以有更多的时间去寻找优质货源、新鲜货源。才半年的时间过去，晓东就用自己挣到的钱注册了公司，并且在天猫开了旗舰店。看着晓东的生意越做越红火，妈妈和爸爸都不由得对晓东竖起了大拇指。

即使是一件再小、再不起眼的事情，只要非常努力，坚持去做，就可以在努力付出之后有所收获，也可以让人生获得成长和进步。反之，哪怕有再远大的梦想，如果不想付诸实际行动，也不愿意全力以赴去做好，而总是三心二意、模棱两可，则一定无法把事情做好，也无法真正证明自己的实力。

人生，固然要有理想、有梦想、有明确的方向，但更需要有行动的决心和坚持的毅力。在这个过程中，还要始终保持认真的姿态，才能让整个世界都对我们如临大敌，都在我们的力量之下不停地颤动。

第9章

人生有很多机会使你成长，你要遇强则强

每个人的成长都不是主动自发的，而是在生命历程中不断地经历各种各样的事情，并从这些经历中坚持反思和领悟，才能逐渐成长的。正如人们常说的，不经历无以成经验，如果一个人被剥夺了亲身经历的权利，他就会成长得越来越慢，甚至会完全停下脚步，停在原地。面对人生的各种未知，我们必须顺势而为，才能够对人生兵来将挡，水来土掩，成为驾驭人生的强者。

世界上从未有绝对的公平

现实生活中，我们常常会听到有人抱怨“这不公平”。早在古代社会，就有先哲说过，“不患寡而患不均”。从心理学的角度而言，很多人都想追求公平，也渴望着得到绝对公平的对待。遗憾的是，这个世界的主宰是人，人是主观动物，而且很容易情绪化，为此，不管制定多么严格的制度，都未必能够实现绝对公平，可以说，这个世界上根本没有绝对的公平。为此，当你自认为受到不公平的对待时，不要再一味地抱怨，也不要总是消极对待，而是要调整好心态，接纳所谓的“不公平”。唯有如此，我们才能保持内心的平静，才能坦然地面对人生。

造物主当初在创立世界的时候，就没有遵循公平的原则，为此，大自然界中万事万物的发展规律，是一个环环相扣的链条，而不是绝对对等的关系。就连十二生肖里的动物，也是有强大、有弱小的，对比反差强烈，既然如此，我们为何还要奢求公平呢？尤其是在人类社会中，不公平的现象更为广泛地存在。例如，有的孩子运气很好，一出生就含着金汤匙，起点很高。有的孩子就没有这样的好运气，出生在贫寒的家庭里，起点特别低，也许穷尽一生去努力，也不可能达到其他孩子一出生就拥有的高度。难道作为穷苦人家的孩子，我们就要放弃努力，而去找造物主要所谓的公平吗？在现代职场上，虽然说一分付出，一分收获，但是很多时候，我们付出了也未必会得到梦寐以求的收获，反而有可能白白付出。而有些人呢，偏偏有好运气，没有我们努力，却得到了很好的回报。仅从表面看起来，这也是不公平。但是实际上，这样的不公平随时都可能存在。然而，有朝一日，我们曾经努力做过的一切，经历过的一切，也许都会以其他的方式回报于我们。这又呈现出一种大致的公平，完全符合事物发展的规律。既然如此，我们就不要奢求绝对的公平。

既然绝对的公平不存在，那么，如果我们一味地强求，就只会导致我们失去内心的平静与平衡。现实生活中，很多人每天都唉声叹气，愁眉不展，牢骚满腹，就是因为追求绝对公平而不得。对于人生，最明智的态度是接受那些不能改变的，改变那些可以改变的，既要拼尽全力去争取，也要顺势而为、随遇而安，这样才能有更好的收获和成长。人，只有做到悦纳自己，悦纳世界，才能获得真正的满足。

作为一名富二代，王强不但是个高富帅，而且很有才华。他毕业于美国耶鲁大学，学识渊博，能力超强。最近，他要回到国内进入家族企业工作，爸爸原本想召开全员大会，隆重介绍自己引以为傲的公子，却被王强拒绝了。王强说："爸爸，这样对其他员工不公平，对于我也不公平。"爸爸很纳闷："对于其他员工不公平是一定的，因为他们没有我这样的爸爸和咱们这样的家族企业。但是对于你，怎么不公平了呢？"王强笑起来，说："我完全可以凭着自己的能力取胜，赢得同事们的认可和尊重，并一步一个台阶地往上爬，真正接管家族企业，但是您偏偏要给我冠以富二代的帽子，这样一来，不管我做出什么成就，别人都会误以为我的成就是通过你才得到的，而先入为主地认定我是个富二代、是个花花公子。这就是对我最大的不公平。"

听着王强侃侃而谈，爸爸忍不住笑起来："那么，你愿意从基层做起，和其他同事一样打拼吗？"王强坚定不移点点头，说："当然，我愿意。"就这样，王强通过正常面试进入公司，从最基层的小员工开始做起。在公司里，除了几个高层的管理人员之外，根本没有人知道他的真实身份。果然，王强实力强大，很快就在公司里崭露头角，几年之后就做到中层管理者的职位。因为爸爸还很年轻，身体硬朗，所以王强决定继续靠着自己的努力一步一步地往上爬。

什么是公平，什么是不公平呢？实际上这是每个人对自己的经历和遭遇的一种主观感受。王强作为富二代，而且博学多才，也会觉得不公平，因为他想靠着自己的实力获得成功，不想被冠以富二代的帽子。而那些出生普通人家的孩子，如果知道有这样一个富二代在身边，马上也会觉得不公平，甚至觉得富二代的一切成就都是走后门才得来的。所以说，真正的公平在人的心里。一个人如果觉得公平，就可以坦然面对一切；如果觉得不公平，就不知道要如何面对一切。

既然活在这个世界上，我们就要学会接受各种不公平，也只有真正接受这些不公平，我们才能坦然面对人生，才能真正做好自己的。记住，人生本来就是不公平的，公平从来不是衡量一件事情的唯一标准。任何时候，我们都要以强大的实力突出重围，让自己变得出类拔萃，这样才能把不公平远远地甩在身后，才能让自己的人生有值得期望的未来！

多多用心，保护自己

常言道，害人之心不可有，防人之心不可无。现实生活中，我们当然不能产生害人之心，但是这并不意味着所有人都会和我们一样不会去害人。所谓知人知面不知心，现实生活中，有很多坏人的脑门上并没有写字，为此我们一定要练就火眼金睛，如此才能有的放矢地防范坏人，有效保护好自己。

现实生活中，总有些朋友心无城府，就像玻璃人一样，把自己的一切所思所想都呈现在别人面前，让别人一眼看到底。这样的清澈坦率单纯，固然很好，但是在复杂的社会生活中，如果遇到坏人，就会导致自己受伤。吃一堑，长一智，但是如果能够在不吃亏的时候就长一智，无疑是更好的。也有些人以没心没肺来形容自己，希望自己一直都这样胸无城府，单纯面对世界。实际上，这样并不是一件好事情，一则是会受到别人的伤害，二则也有可能因为自己的无心而伤害到别人。真正明智的人在面对周围的人和事情时，总是会照顾到别人的感受和想法，也会尽量把该做的事情做好，从而让一切的发展都更加顺利。

关于好人和坏人，大名鼎鼎的文学家李敖曾经专门写过一篇文章，名字叫作《好人坏在哪里》。在文章中，李敖写道："我们从小就被教育做好人、训练做好人，长大以后，有的自信是好人，有的自诩是好人，有的自命是好人，他们从小到老、从老到咽气，一直如此自信、自诩或自命，从来不疑有他。但是，好人、好人，他们真是好人吗？深究起来，可不见得。"李敖说，好人总是太过单纯，虽然一门心思想要独善其身，从而避免与坏人相处和较量，却常常因此而被坏人认定是无能怯懦，坏人反而更加变本加厉，欺负好人。由此可见，当一个好人固然没错，但是如果总是当好人，而不能对坏人进行识别和反击，则常常会失去对坏人的防备之心，误以为这个世界就是美好的、无害的，那么被欺负和伤害也就在所难免。换而言之，我们可以当好人，却不能在坏人面前怯懦无能；我们可以相信别人，却不能因此就被别人欺骗和戏弄；我们可以单纯，却不能因此被别人当成傻瓜一样去对待。做人，总还是需要一点儿心机的，有心机才能更加火眼金睛地识别坏人，有心机才能保护好自己。

古人云，人之初，性本善，也有古人云，人之初，性本恶。古代哲学家荀子，对于人性就有入木三分的明察：人之性恶，其善者伪也。这句话告诉我们，人性本恶，之所以表现出善良美好的样子，只是因为善于伪装而已。当然，荀子说的也未必完全正确，人，总是有好人也有坏人，每个人都是不同的。所以，我们既不要认为天底下的人都是好人，也不要认为天底下的人都是坏人。只有怀着明智的心，带着火眼金睛，与人相处，我们才能更好地保护自己，防范他人，才能建立友好、良性的人际关系。

俗话说，江山易改，禀性难移。有的人天性善良，有的人则因为各种各样的原因被激发了内心深处的恶，这样的人固然可以改好，但是改变是很难的。为此，在人际相处中，当我们识别了他人的恶，未来在相处的时候，就要对他人更加小心谨慎。这不是对他人不信任，而是要以更加审慎的方式，让我们与他人之间有良好的交往，这也有利于维持人际关系良性发展。

魏晋时期，曹操是一个疑心病很重的人，而且对人的防范心理也很强。有一天，曹操去查看花园的建成情况，负责人问他对花园的进展是否满意，曹操沉默不语，只是在门上写了一个“活”就扬长而去。负责人不明白曹操到底是什么意思，感到非常困惑，这个时候杨修告诉责任人：“在活字外面加上门，就是阔的意思。丞相认为花园的门太阔了。”负责人赶紧把园门改小。没过多久，曹操又来查看花园的建成情况，看到花园的门已经改小，不由得很满意，经过询问得知是杨修参悟了自己的意思，曹操对杨修大加赞赏。但是，曹操也很嫉妒杨修的聪明才智，为此并没有重用杨修。遗憾的是，杨修对此浑然不觉，并没有觉察到曹操的异常。

后来，曹操应邀赴宴，在宴会上，曹操率先吃了一道点心，随后在点心上写下一个“合”字。宴会上的其他人都不明白曹操的意思，纷纷揣测，这个时候，杨修吃了一口点心，并且告诉大家：“丞相让我们每个一口，分享这道点心。”听了杨修的话，曹操心中一惊，他可不想把这个对自己的想法看得清清楚楚的人留在身边，为此决定找机会除掉杨修。后来，曹操率军与蜀军战斗，被蜀军团团围困，心生不安，为此下令巡查口令为“鸡肋”。没想到，杨修领悟曹操的意思，当即吩咐手下的人收拾行李，准备撤军。曹操看到将士们的举动，又得知杨修在军中擅自传达自己的意思，因而当即定了杨修“扰乱军心罪”，把杨修处死。

在这个事例中，曹操的防备之心是很强的，而杨修的防备之心却很弱，为此他一而再再而三地揣测曹操的意思，显示自己的聪明才智，明明没有得到曹操的重用，却仍没有因此而领悟到什么，反而更加表现得聪明绝顶，最终聪明反被聪明误，丢掉了性命。

人与人之间相处，一定不能完全心无芥蒂，因为我们不是别人，不知道别人会怎么想。只有适度展示自己的聪明，在该表现的时候表现，该收敛的时候收敛，才能有的放矢、恰到好处地表现自己，否则就会犯聪明反被聪明误的错误。《阴符经》说，性有巧拙，可以伏藏。这就告诉我们，一个人不管是聪明还是愚钝，都要学会掩饰自己，这就是心机。很多人对于心机都有误解，总觉得有心机的人就是非常阴险狡诈的，其实有心机的人也可以是充满聪明智慧的，懂得人际相处之道，也知道如何更好地呈现自己。做人不要太单纯，这不但对于自己有益，对于人际交往也是非常有利的。

不要把自己变成玻璃人

现实生活中，总有些年轻人自诩简单，不懂得人情世故，而把自己的一切喜怒哀乐都写在脸上。实际上，孩子的单纯是一种美好，而如果已经长大成人，走上社会，还在坚持这样的单纯和毫无心机，就成为一种幼稚。人总是要学着长大，对于步入成人社会的成年人而言，把自己变成玻璃人，未必是一件好事情。毕竟人际交往是很复杂的，若我们总是肆无忌惮地表现自己，不但会让自己尴尬，也会给他人带来伤害。所以，年轻人要学会掩藏自己的心思，让自己的内心变得更加成熟和稳重。

对于掩饰自己的心思，很多人都有误解，总觉得只有心思复杂、人心险恶的人才会把自己的真实状态掩饰起来。其实不然。人的真实状态有很多种，当你真诚地对待他人时，带给他人的是美好的感受。当你的情绪非常糟糕的时候，如果你真实地对待他人，就会导致自己和他人同时陷入尴尬之中。很多人尽管希望得到他人的真诚相待，却不想和一个丝毫不懂得掩饰自己的人打交道，就是这个道理。适时适度掩饰自己，不让自己和他人都陷入尴尬之中，这是有必要的，也是做人的智慧。

作为初入职场的新人，张周在一进入公司的时候，就告诉周围的同事自己一定会真诚对待每一个人。当时，大家都夸赞张周是清流。但是，日久天长，当张周总是毫无掩饰地对待每一个人时，大家对于张周都渐渐地敬而远之。原来，张周说话非常直接，总是毫不掩饰地把自己的情绪感受一股脑儿地说给身边的人听。渐渐地，同事们都说张周是尴尬周，也都不愿意再和张周打交道。

有一天，在办公室里，领导因为张周的一个工作表格出现错误而批评张周。没想到，当着办公室里那么多人的面，张周马上就给领导甩脸子，并且直接对领导说："这个表格里的各种数据特别多，就算是你亲自弄，也不能保证没错误，更何况我还是新人呢！"领导马上生气，对张周说："你是新人怎么了？就可以犯错误吗？你要是觉得自己不能胜任这份工作，可以走人。你以为你是谁，还是你父母面前的孩子？你以为我是谁，我是你爹妈必须娇惯着你吗？告诉你，进入这间办公室，每个人都是平等的，谁在工作上也没有特权！"张周气得满脸通红，领导也非常愤怒。虽然张周没有继续反驳领导，但是他和领导之间的关系变得非常尴尬，领导也故意晾着张周，再有工作上的任务，根本不再派给张周。就这样过了一段时间，张周只能辞职走人。

领导说得很对，一旦走入职场，不管是新人，还是老人，在工作面前都是平等的，都要完成工作任务。尤其是年轻人，情绪原本就很冲动，切勿以自己初入职场、缺乏经验为由要求得到照顾。只有全力以赴做好该做的事情，才能得到他人的认可与尊重，这是必然的。此外，在与他人发生摩擦的时候，还要控制好自身的情绪，不要意气用事，更不要有意气之争。

一个人，只有控制好自己的情绪，才算是掌控了自己。所以人们说，每个人都是自己最大的敌人，也是自己需要在这个世界上战胜且最难战胜的人。任何时候，作为成年人，我们都不要把喜怒哀乐写在脸上，也不要把幼稚当成是成熟。做人，过于世故不好，但是也要适度世故，这样才能让自己有更好的发展和前途，才能在人际关系中游刃有余，获得更好的成长。记住，收起你的玻璃心，也不要再当玻璃人。没有人愿意看你的脸色行事，古人云，人情练达皆学问，实际上，当一个人能够处理好人际关系，并以适宜的姿态面对他人的时候，才是真正的成熟。

既然要吃亏，不如主动吃亏

常言道，吃亏是福，虽然有很多人知道这句话，却只有很少的人能够真正把吃亏当作福气，也很少有人能够真正做到乐于吃亏。在现实的生活和工作中，吃亏是常态，与其被动吃亏，不如主动吃亏，因为被动吃亏往往心不甘情不愿，带着很大的不乐意，而主动吃亏却能让我们心甘情愿吃亏，也能让我们表现出胸怀和气度，从而收获更多。

人生之中，从未有无缘无故的得到，也没有平白无故的失去。得到与失去之间，总是保持着微妙的平衡，也常常会让人在得失之间相互转化，渐渐地领悟到得到与失去的真正意味。唯有如此，人们在面对得失的时候才能更加坦然，并保持心境的平和。有的时候，得到就是失去；有的时候，失去就是得到。唯有如此，人生才能更加有的放矢地获得成长，并在舍弃之后得到真正想要的，在贪婪的时刻里控制好自己，不至于索求无度。

遗憾的是，在现实生活中，有太多人对于得到和失去斤斤计较，结果看似没吃亏，实际上却失去了心境的平和，失去了幸福与安然可谓损失惨重。作为扬州八怪之一的郑板桥，不但精通画画，对于人生也有独特的感悟，为此他才留下一句至理名言给后世之人——难得糊涂。的确，人生中的得到与失去之间并没有精确的衡量，唯有更加理性从容地面对人生，我们才能有更好的成长，才能有更多的收获。否则，越是害怕失去，人生就会失去越多，越是不想付出，也就偏偏在付出之后鲜有回报。我们一定要更加理性从容地面对人生，并怀着坦然的心面对得失，把被动失去变成主动失去，这样才能更快地成长，更好地耕耘人生。

在如今这个时代里，社会发展速度很快，瞬息万变，也有太多人都变得浮躁，他们总是梦想着成功，也迫不及待想要一蹴而就获得成功。人人都变得很贪婪，别说吃亏，就连付出都不想付出。殊不知，人生是漫长的过程，是需要点滴积累才能由量变引起质变的，是需要不断成长才能腾飞的。这个世界上没有一蹴而就的成功，每个人要想成功，就必须在成功的道路上艰难前行，就必须战胜人生的各种困境，才能在人生的道路上获得更好的成长和进步。否则，只有远大的梦想和理想，而没有实际行动，更缺乏不断积累的耐心和毅力，是不可能获得成功的。吃亏是福，要建立在主动吃亏的前提下，我们要想从吃亏中得到福气，就要变被动吃亏为主动吃亏。既然都是吃亏，被动吃亏还会导致恶果，为何不主动吃亏换来福报呢？明智的人一定会选择主动吃亏，从而让自己吃亏得有意义、有收获。

最近，公司正在赶一个项目，为此几乎每天下班之后都要加班。才过了没几天，那些家里有孩子的员工都有很大的意见，因为他们没法照顾孩子，家庭生活也因此被打乱。小张突发奇想：这样下去，公司只能进行调整，也许就会把工作任务更多地分派给没结婚的年轻人，既然如此，为何不主动申请承担更多的工作任务呢？为此，小张和几个平日里玩得好的年轻同事一商量，大家都觉得有道理。他们组成一个突击小组，派出小张为代表，主动向领导申请任务。领导非常高兴，在例会上宣布：“有了突击小组，有孩子的人可以正常下班，把工作交给突击小组去完成。大家都要感谢突击小组，在上班的时间也都要全力以赴，争取完成更多的工作，减少突击小组加班的时间。”这样的结果皆大欢喜，突击小组不但得到了领导的表扬，还得到了同事们的感谢。

后来，突击小组的几个成员因为此次工作中的杰出表现，得到了领导的认可，由此受到领导重用。

小张想得很明白，与其被动吃亏，不如主动吃亏，正因为如此，突击小组才得以表现，并得到领导重用。不得不说，小张这样主动吃亏的精神是值得认可和发扬的，也充分告诉我们每个人，只有主动吃亏，才会有更好的表现。从本质上而言，小张这也不算是吃亏。虽然他和小组成员付出了更多的时间来工作，但是年轻人在职场上工作就是需要多积累经验，这对于他们的成长是很有好处的。最终，他们不但获取了好名声、得到了领导的认可，也在工作的过程中不断积累经验，获得了更好的成长，可谓一举数得，绝对是稳赚不赔的生意。

无数的现实告诉我们，能够主动吃亏的人最终一定会得到更多的收获，而那些斤斤计较、只想着赚便宜的人，最终会吃大亏。不管是在工作中，还是在生活中，我们都要发扬主动吃亏的精神，绝不斤斤计较，绝不总是想要赚别人的便宜。尤其是在人际交往中，善于吃亏且敢于吃亏的人，会有大胸怀和大气度，也会得到他人的认可和尊重，得到他人的信任与支持，这是最大的收获。让我们把主动吃亏作为为人处世的原则，并在主动吃亏的过程中让自己更加快速地成长起来。

人生难得糊涂

毋庸置疑，人人都想做聪明人，因为聪明人不但对任何事情都能拎得清，而且非常精明，在人际相处之中从来都是做赚便宜的买卖，而不做赔本的买卖。那么，什么样的人才是真聪明呢？对于这个问题，要好好说一说。很多人误以为自己很聪明，也处处想要表现出自己的聪明，结果聪明反被聪明误，导致做人做事都精明过头，反倒不那么好看。真正聪明的人是大智若愚的人，他们与人相处从来不斤斤计较，在工作上主动吃亏，甘于付出，最终获得了很好的成长。这样的人看似在吃亏，实际上大智若愚，把很多事情都处理得很好，也做得很好，为此吃小亏占大便宜，获得了经验和成长，得到了他人的认可与尊重，可谓稳赚不赔。

对于付出和得到，每个人都有不同的标准。那些人生格局小的人，总想着赚取更多的利益，也常常因此而蒙蔽了自己的眼睛。相反，那些有大格局的人，目光更加长远，他们信奉人生难得糊涂的原则，在人生历程中从不小肚鸡肠、斤斤计较，而是有开阔的胸怀，甘于主动付出。这样一来，他们给人以良好的印象，不管做人还是处世都会更加顺利。

人，固然要很聪明，但也要学会糊涂。有些人不分时机和场合地聪明，聪明得很不好看，也有些人不分青红皂白就糊涂，糊涂得让人无奈。真正明智的人，会在该聪明的时候聪明，在该糊涂的时候糊涂，这样才能有的放矢地做好很多的事情，并获得真正的收获。有人以为糊涂是不好的，实际上自古以来人们就把难得糊涂奉为高明的处世之道，如果能够在聪明与糊涂之间把握合适的原则，掌握好度，则会把人生经营得更好。常言道，退一步海阔天空，进一步万丈危崖，要想适度糊涂，我们就要调整好心态，才能真正甘心糊涂。

小杜是一个非常爱较真的人，不管做什么事情都要坚持做好。这样较真的态度，让小杜对于工作非常认真负责，是一个好职员。但是当她把这种态度也用到人际相处之中的时候，就给自己惹来了很多的烦恼。

有一天，办公室里的小丽告诉小杜："小杜，以后你也可以活泛些，你知道吗，那天市场部的老王拿着住宿发票来找你报销，你发现有一张不是他出差期间的，没给他报销，他出了这个门就开始骂你，说你拿着鸡毛当令箭，活该一辈子都当个小会计。"小杜听到这话感到很生气，说："他那张发票就是拿来滥竽充数的，被我识破了，居然还敢来骂我。我要是把这件事情捅到领导那里，看他怎么办！”说完，小杜居然怒气冲冲地去找老王理论。老王当时也就是因为生气自言自语嘀咕了几句，没想到小杜居然会来找他，他也很蒙圈。在和小杜一番理论之后，老王想到当时说这个话的时候只有路过的小丽听到了，为此又去找小丽，质问小丽：“是不是你在小杜面前嚼舌头，传播流言蜚语，小杜才来找我吵架的？”小丽万万没想到小杜听了她的话之后就去找老王当面对质了，她很尴尬，赶紧向老王道歉，说自己就是嘴巴欠才在与小杜闲聊的时候说起的。

经过这件事情，小丽知道小杜非常较真，再也不敢和小杜瞎说什么；也因为知道小杜是这样的人，甚至对小杜敬而远之，生怕一不小心在小杜面前说了什么，又会引起不必要的麻烦。渐渐地，大家知道小杜这么较劲儿，都远离了小杜，更不愿意和小杜闲聊了。

在这个事例中，小杜作为财务人员检查报销的账目是无可厚非的，但是在听到小丽说起老王的闲话时，她当即去找老王对质，这样的做法是万万不可取的。俗话说，谁人背后无人说，谁人背后不说人。人在职场，人际关系原本就很复杂，对于那些没有说在自己脸上的闲话，不要放在心上，左耳朵进右耳朵出就是最好的选择。这样难得糊涂，才能把人际关系处理好，才能获得好人缘。

真正明智的人，走在大街上，就算听到身后有人骂自己，也不会回头，因为他根本不想知道是谁在骂自己，而只想出于本心、一如既往地对待他人。要想拥有更美好的豁达人生，我们就要在该糊涂的时候糊涂，该聪明的时候聪明，这样的人生才会更加理性从容，才会收获更多的快乐与满足。

懂得低头，退也是进

如果你是农民，亲自种过稻谷，你就会知道，到了丰收的季节里，那些低下头的都是果实饱满的麦穗，它们沉甸甸的，而那些昂起头的是稗，只有空壳，没有果实。做人要如麦穗，把心充满，把头低下。只有真正懂得人生真谛的人，才会像麦穗一样不停地充实自己的内心，获得人生的收获，从而把头低下。因为在人生之中，懂得低头是至关重要的。此外，还要懂得退步。有的时候，低头是为了抬头，退步是为了进步。

海纳百川，有容乃大，而海之所以成为海，有着博大的胸怀，是因为海把自己放低，让自己始终处于最低处。作为人，我们也应该把自己放低，这样才能让自己像大海一样容纳更多，接纳更多，成长更多。一个人若总是高高在上，自以为是，是根本不可能获得成长和更多收获的。任何时候，我们都要怀着空杯心态去学习，在人际交往中也要懂得低头，如此才能获得他人的认可与尊重，才能获得他人的信任与托付。

前文说过，做人总是要有点儿心机，这里的心机不是贬义词，而是带有褒义的评价。有心机的人不但懂得保护自己，也会藏巧露拙，因为他们很清楚，在恰到好处的时候呈现自己才能取得最好的效果。从某种意义上来说，低头也是一种智慧。尤其是在人际相处中，学会低头，往往能够更好地做人。不管是从谏如流，还是谦虚低调，都要通过低头来实现。一个人若总是高昂着头，总是趾高气昂，是无法与他人友好相处，也会影响自身的成长和发展的。

刘杰从年轻的时候就开始做生意，事业发展得很顺利，可谓年轻有为，因而无形中就形成了趾高气昂、骄傲自负的作风。有一段时间，他在生意上遇到困境，为此专程去拜访一位老前辈，想要从老前辈那里取经，突破经营的困境。他在进入老前辈的书房时，高昂着头，没想到，头狠狠地撞在门框上。他忍不住惊呼起来，赶紧用手捂住被撞击的部位，口中忍不住抱怨道："这个门框也太低了，我才1米8啊！"老前辈笑着对他说："低下头，就进来了，也不会被碰到。"他一边疼得龇牙咧嘴，一边低下头走入书房。老前辈对他说："你的头被碰了，但是你得到了今天的最大收获。"他调侃道："一个大包吗？"老前辈摇摇头，说："不是大包，是低头。当你学会低头，你在生意上的很多困境就会迎刃而解。”

刘杰恍然大悟。

此后的日子里，刘杰总是低头，很少与身边的生意伙伴发生争执，在与合作伙伴有争执的时候，他也会选择先退一步。渐渐地，刘杰的生意越来越红火，与周围的人关系也越来越亲密。正如老前辈所说的，他学会了低头后，很多难题都得以解决。

为何刘杰必须学会低头才能解决如今正在面临的很多困境呢？因为年轻的他事业有成，无意间就变得很骄傲、很自负，他不管是与合伙作伴还是与客户相处，常常都会表现出趾高气昂的样子。当然，没有人愿意接受别人的趾高气昂，他的人缘越来越差，他的生意也陷入困境。在拜访老前辈的时候，所以他不小心撞到门框上，再加上老前辈的指点，这才领悟低头的道理，才知道人生必须学会低头和退步，才能有所成长，有所进步。

人是群居动物，每个人都要在人群中生活，也避免不了要与形形色色的人打交道。当人与人针锋相对的时候，气氛就会变得尴尬，人际关系就会变得紧张。如果能够学会适时低头，或者退让一步，就可以让人生变得更加从容、更加理性，也可以以宽容大度影响身边的人，与他们友善和谐地交往。学会低头，才能避免被人生的门框碰到；学会退让，才能有大格局，让人生小忍成就大谋略。

参考文献

[1]墨陌.别在该吃苦的年纪，选择安逸[M].北京：中国出版集团研究出版社，2017.

[2]汤木.你的努力，终将成就无可替代的自己[M].北京：百花洲文艺出版社，2015.

[3]梅州.趁年轻，拼一拼[M].北京：中国出版集团现代出版社，2016.